i blu pagine di scienza

Rodolfo Guzzi

La strana storia della luce e del colore

Springer

Rodolfo Guzzi
Presidente IBP Group International

Collana *i blu - pagine di scienza* ideata e curata da Marina Forlizzi

ISBN 978-88-470-1117-5 e-ISBN 978-88-470-1118-2
DOI 10.1007/978-88-470-1118-2

Questo libro è stampato su carta FSC amica delle foreste. Il logo FSC identifica prodotti che contengono carta proveniente da foreste gestite secondo i rigorosi standard ambientali, economici e sociali definiti dal Forest Stewardship Council

Coordinamento editoriale: Pierpaolo Riva
Layout copertina: Simona Colombo, Milano
Immagine di copertina: Anna Rebecchi, Bologna
Progetto grafico e impaginazione: Valentina Greco, Milano
Stampa: GECA Industrie Grafiche, Cesano Boscone (MI)

Springer-Verlag Italia S.r.l., via Decembrio 28, I-20137 Milano
Springer-Verlag fa parte di Springer Science+Business Media (www.springer.com)

In memoria di Stefano Jacomuzzi, maestro e amico

Prefazione

A metà del Novecento gli scienziati che studiavano le particelle elementari si accorsero che esistevano delle particelle che presentavano delle proprietà anomale rispetto alle conoscenze di quell'epoca. Definirono queste particelle "strane" e incominciarono pure a osservare quanto queste particelle fossero più strane delle altre. Crearono degli opportuni indici di "stranezza" costruendo un complesso ed elegante modello che identificava le caratteristiche della particella stessa.

Oggi la "stranezza" si misura considerando le particelle come composte di quark elementari. Il "quark" stesso è una particella ed è la più strana delle particelle strane. Fu scoperta nel 1963, indipendentemente da Gell-Mann e George Zweig. Gell-Man, nel suo libro *The Quark and Jaguar. Adventures in the Simple and in the Complex*, spiega come il nome "quark" gli sia stato suggerito da una frase senza senso:

> three quarks for Muster Mark!
> Sure he has not got much of a bark
> and sure any he has it's all beside the mark,

contenuta nel romanzo *Finnegans Wake* di James Joyce. Scrive Gell-Mann:

> Inizialmente nel 1963, quando assegnai il nome "quark" ai costituenti fondamentali del nucleone, io avevo [in mente] un suono, senza l'ortografia, che avrebbe potuto essere: "kwork"

> [dall'emissione del suono fatto dalle anatre]. Poi [...] mi sono imbattuto in "quark".

Questa frase, aggiungeva Gell-Man, sembrava che fosse stata costruita in primo luogo per trovare una rima tra "quark", "Mark", "bark" e altre parole:

> ... ma poiché la frase era stata pronunciata in un bar per richiedere da bere, poteva essere anche intesa come: "Three quarts for Mister Mark (tre quarti [di gallone] per Mister Mark)", nel qual caso la pronuncia "kwork" non era del tutto ingiustificata. In ogni caso il numero tre ben si adattava al modo in cui i quarks si trovano in natura.

Da un punto di vista etimologico la parola "strano" significa estraneo, insolito, non comune, straordinario e, com'è stata adottata per le particelle, può essere anche attribuita alla storia della luce. La stranezza si può anche ben riferire a quanto vi sto per narrare, per le insolite implicazioni filosofiche, religiose e scientifiche che hanno contrassegnato la storia della luce dai Greci ai giorni nostri.

Per i Greci tutti i cambi di materia potevano essere spiegati attraverso l'interazione di quattro elementi: acqua, aria, terra e fuoco. Questi quattro elementi erano anche alla base di tutte le cose viventi. Il cuore generava un calore che s'irradiava attraverso il sangue, mentre il principio della vita, l'aria o *pneuma*, essendo mescolato con il sangue durante la respirazione, aiutava a raffreddare il cuore. Il cielo era il quinto elemento ed era stabile. Le stelle e i pianeti si muovevano con tale precisione geometrica che era impossibile, con gli strumenti che avevano i Greci, riprodurne il moto sulla Terra. Ciò produceva una profonda dicotomia tra la terra e il cielo e rappresentava quello che era la scienza greca classica: statica e basata su criteri auto evidenti.

Aristotele e la scienza greca classica avevano realizzato una completa tassonomia della natura che doveva servire a dare risposta alle innumerevoli domande che si ponevano i filosofi, i medici, i fisici. Con il termine tassonomia ci si riferisce sia alla classificazione gerarchica di concetti sia al principio stesso della classificazione. Tutti i concetti, gli oggetti animati e non, i luoghi e gli eventi potevano essere classificati seguendo uno schema tassonomico.

Il pensiero greco, e in primo luogo Aristotele, metteva in guardia dal modificare, mediante l'uso di strumenti, gli eventi naturali che si svolgevano secondo fini propri. Lo strumento prodotto dall'uomo era sostanzialmente estraneo alla natura che, invece, doveva essere conosciuta attraverso i sensi che implicitamente non avrebbero turbato la conoscenza della natura stessa.

Quest'approccio permeò la scienza fino al Seicento, quando crollò la distinzione tra il mondo naturale e quello artificiale. Caddero tutte le prevenzioni contro l'uso degli strumenti, attraverso i quali invece l'uomo poteva acquisire la conoscenza della natura. La filosofia della scienza naturale sanciva la legalità dell'uso di strumenti che avrebbero permesso di conoscere la realtà, anche nascosta, che circondava l'uomo. Lo strumento non solo era concepito come prolungamento dei sensi, ma soprattutto come mezzo contrapposto ai sensi stessi, un mezzo capace di cogliere l'essenza della natura senza che questa ingannasse i sensi come, per esempio, scoprendo i colori puri in contrapposizione a quelli composti, il vedere al microscopio o al telescopio in contrapposizione al vedere a occhio nudo.

Prima del Seicento, interessava la natura della visione e le sue implicazioni morali e filosofiche piuttosto che gli oggetti possedessero un colore. I filosofi si dedicarono più alla forma degli oggetti e a come questi erano percepiti, attraverso gli occhi, da quegli organi che, di volta in volta, potevano essere deputati alla ragione: il cuore o il cervello. Questa era una visione emozionale ed empirica piuttosto che fisiologica.

Con la scoperta dei colori primari fatta da Newton e con l'ausilio di strumenti sempre più raffinati, inizia un lungo percorso verso la comprensione delle qualità della luce e di come questa sia percepita dagli organi della visione e dal cervello.

Dopo il 1492, anno della scoperta dell'America, anche la vecchia geografia fu sconvolta. Inoltre, le scoperte di Tycho Brahe e Galileo Galilei dimostrarono che l'Universo era ben diverso da quello immutabile, previsto da Aristotele. Analogamente le scoperte, nell'ottica e nella meccanica, indicavano che i fenomeni osservati, fossero essi terrestri o nel cielo, avevano radici comuni. William Harvey (1578-1657) aveva dimostrato che il cuore non era una fornace, ma una pompa.

Seppur la Santa Inquisizione tentasse di bloccare ogni iniziativa che potesse mutare lo *status quo* bruciando e condannando, com'era accaduto a Giordano Bruno (1548-1600) e a Galileo Galilei, ormai nuove strade della conoscenza si stavano aprendo e nessun ostacolo poteva impedirne lo sviluppo.

Questo libro è suddiviso in due parti distinte: la Teorizzazione della Visione e la Sperimentazione sulla Luce e la Percezione. Questa separazione vuole indicare che, in un primo tempo, prima di capire di che natura fosse la luce, l'uomo ha dovuto cercare una via interiore per rapportarsi a un fenomeno che lo coinvolgeva con tanta pienezza. Solo dopo, misurando ciò che aveva teorizzato o ipotizzato, sarebbe riuscito a scoprire come fosse composta la luce. Alla fine avrebbe compreso, anche se in modo ancora rozzo, che il suo sistema percettivo era funzionale non solo ai fenomeni fisici che stavano al fuori di lui, ma anche alla sua fisiologia, alle sue emozioni e alla sua immaginazione.

Le scoperte attuali sulla luce e il suo comportamento rappresentano solo l'inizio di un lungo percorso della scienza perché ancora tanti dubbi e incertezze sono da chiarire, anzi addirittura sono da interpretare, come per esempio ciò che sta oltre la luce: la materia oscura e l'energia oscura che sono presenti in modo massiccio nell'Universo e che rappresentano la nuova frontiera della conoscenza. Analogamente vale per lo studio del cervello e della percezione umana, che è all'inizio di un cammino altrettanto complesso e pieno d'incognite che potrebbe essere influenzato dalle conoscenze che si potranno avere nel prossimo futuro, ancora una volta, dallo studio della luce.

Nello sviluppare questo libro ho attinto a vari testi che ho puntualmente citato in bibliografia. Essi costituiscono un doveroso approfondimento per chi vuole meglio conoscere le tematiche relative. Alcuni libri sono introvabili, ma grazie a organizzazioni che li rendono disponibili sono leggibili in Internet, anche se con una certa cautela perché non sempre il materiale presente in rete fornisce delle informazioni corrette. Il materiale esistente è immenso ma parcellizzato tra le varie discipline tra cui mi sono districato grazie anche agli aiuti dei colleghi e degli amici con cui ho avuto interessanti discussioni. Per evitare di realizzare un libro troppo oneroso ho sintetizzato e semplificato molti concetti, in particolare quelli che riguardano la fisica moderna che talvolta è contro deduttiva.

Ringrazio mia moglie Rita per l'aiuto datomi sulla parte di Neurofisiologia della visione; Anna Rebecchi per una lettura critica sulla parte artistica e coloristica, nonché per la bella copertina che mi ha voluto fare; l'amico Giuseppe Merlino a cui ho raccontato il libro nel suo divenire e che, con la sua enciclopedica capacità di bibliomane, mi ha indicato libri di approfondimento; Marina Forlizzi della Springer che ha sostenuto sin dall'inizio questo lavoro. Un doveroso ringraziamento a Massimo Calvani per i preziosi suggerimenti e approfondimenti.

Roma, settembre 2010

Rodolfo Guzzi

Indice

La visione e la percezione nella cultura greca e latina

La teoria platonica della visione: i Presocratici e Platone

L'inizio di una teoria della visione e, indirettamente, della luce, si fa risalire storicamente ai Presocratici, filosofi antecedenti alla figura di Socrate (469-399 a.C.). Sfortunatamente nemmeno una singola opera completa è giunta fino a noi, solo frammenti delle loro parole o delle loro teorie attraverso gli scritti dei filosofi successivi. Hermann Diels nel 1903 li ha resi popolari con il suo saggio *Die fragment der Vorskratiker.* Un'eccellente traduzione dei *Fragment* è quella curata da Gabriele Giannantoni in due volumi intitolati *I Presocratici. Testimonianze e frammenti* che utilizzerò come testo di riferimento a meno che non sia espressamente richiamato un altro autore. Già nel 1865 lo storico inglese George Grote nel suo saggio *Plato and other companions* aveva usato il termine Presocratico per identificare i filosofi del VI e V secolo a.C. Altro esempio dell'interesse suscitato da questi filosofi si può trovare nel saggio incompiuto di Friedrich W. Nietzsche del 1873 dal titolo *Philosophie im tragischen zeitalter der Griechen* tradotto in italiano a cura di Giorgio Colli. Nietzsche riteneva che fosse importante conoscere questi filosofi perché si erano dedicati a trovare la verità sulla vita e sulla natura, mettendo in discussione il valore dell'esistenza.

I Presocratici avevano rifiutato le interpretazioni mitologiche dei fenomeni naturali, fatte dai precedenti filosofi, in favore di una spiegazione razionale. Le domande basilari che si ponevano e alle quali cercavano di dare risposta erano: da dove viene e da che cosa è creata ogni cosa? Come si spiega il pluralismo delle cose trovate in natura e come possiamo descrivere la natura in modo matematico?

La dottrina religiosa era legata alla tradizione Orfica, basata sulla trasmigrazione delle anime dopo la morte, sicuramente di origine Tracia, e alla visione panteistica di Zeus come appare nel famoso frammento 70 di Eschilo raccolto dal Nauck:

> Zeus è l'Etere, Zeus è la Terra, Zeus è il Cielo
> Zeus è ogni cosa e tutto ciò che è al di là di queste cose.

Al centro dell'interesse è la natura (*physis*) e non l'uomo. Perciò i Presocratici sono stati chiamati naturalisti o filosofi della natura. Aristotele usò per essi il termine *fisiologoi* (*physis*, natura e *logos*, discorso) ossia studiosi della natura.

Oggi parliamo di "mondo della natura", intendendolo di solito come qualcosa che è radicalmente distinto, o addirittura contrapposto al "mondo umano", mentre per i Presocratici *physis* era la totalità delle cose che esistono, che nascono, che vivono, che muoiono, compreso l'uomo, cioè la natura. *Physis* deriva dal verbo *phyo*, che significa generare, nascere, svilupparsi (analogamente, in latino natura deriva dal verbo *nasci*, nascere). Per i Presocratici (con la sola eccezione degli Atomisti) tutta la materia, in ogni sua manifestazione, è vivente. Ogni cosa (la pietra, la stella, la pianta, l'animale, l'uomo) è dotata di vita, anche se in gradi diversi, con intensità diversa: questa concezione è detta ilozoismo (*hyle*, materia e *zoon*, vivente).

Infine, e questo è il punto decisivo, i Presocratici impostano, per la prima volta nella storia, il fondamentale problema del principio (*arché*). Se il mondo intorno a noi consiste in una molteplicità innumerevole di cose, di fenomeni che mutano in continuazione, che si trasformano ininterrottamente, deve esserci allora una sostanza originaria, una materia primordiale, non soggetta a mutamento, da cui derivano tutte le cose, deve esserci una legge invariabile che regola il divenire incessante dei fenomeni. Insomma deve esserci un principio, in base al quale è possibile spiegare la molteplicità delle cose e le loro trasformazioni.

Da un punto di vista cronologico i Presocratici si collocano nei secoli VI-IV a.C. e possono essere suddivisi nelle seguenti scuole:

- gli Ionici o scuola di Mileto: Talete, Anassimandro, Anassimene;
- Pitagora di Samo e la scuola pitagorica di Crotone;
- Eraclito di Efeso e gli Eraclitei;
- Senofane di Colofone;
- la scuola di Elea: Parmenide, Zenone, Melisso;
- i fisici pluralisti: Empedocle di Agrigento, Anassagora di Clazomene, la scuola atomistica di Leucippo di Mileto e Democrito di Abdera.

Analizzando i frammenti degli scritti dei Presocratici a noi giunti, si scopre che il primo che si occupò della visione fu Alcmeone di Crotone (V a.C.) discepolo di Pitagora (572-490 a.C.), medico e filosofo. Nella Grecia antica il termine filosofo era assai diverso da quello che utilizziamo oggi, non essendoci una netta distinzione tra filosofo e fisico. Non dobbiamo dimenticare che a quel tempo si dicevano fisici tutti quelli che studiavano la natura, anche quella umana.

Egli considerava il cervello come l'organo più importante del corpo e pensava che l'occhio potesse vedere grazie a una tunica umida che lo circondava. Se dovessimo fare un'analisi del dove fosse questa tunica umida, dovremmo dire che è in quello spazio tra il cristallino e la cornea, presumibilmente costituita dalla zona dell'umore acqueo e dalla massa di sostanza gelatinosa detta umore vitreo, che si trova dietro al cristallino.

Al fine di rendere il lettore consapevole delle descrizioni che di volta in volta saranno fatte sull'occhio dai vari autori, riportiamo nella Fig. 1 l'attuale schema dell'occhio in modo che si possa fare un'analisi comparativa. Ci rifaremo a questo schema anche per gli altri autori che di volta in volta citeremo assieme alle eventuali figure che riporteremo e che rappresenteranno la loro conoscenza dell'occhio.

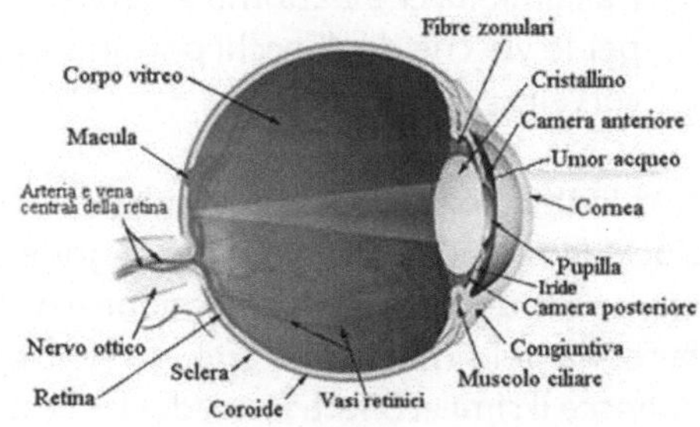

Fig. 1. Rappresentazione grafica della struttura dell'occhio (Agenzia internazionale per la prevenzione della cecità - Iapb Italia onlus: http://www.iapb.it)

Confrontando la descrizione di Alcmeone con quella dell'occhio della Fig. 1 ci si accorge che la descrizione da lui fatta dell'occhio è estremamente grossolana, ma comunque indicativa del fatto che egli non era del tutto a digiuno di anatomia, dato che egli, come ci ricorda Calcidio nel *Timeo*, fu tra i primi ad aver sezionato degli esseri viventi e in particolare ad aver sezionato l'occhio. Nei già citati frammenti si legge che per Alcmeone:

> ... ci sono due sentieri che partono dal cervello, dove è la principalissima sede percettiva dell'anima, e giungono alla cavità degli occhi ove è contenuto lo spirito naturale.

Alcmeone pensava che l'occhio contenesse un fuoco, forse anche indotto in errore da quel fenomeno che genera scie luminose quando gli occhi sono colpiti, e che la visione avvenisse quando la parte ignea attraversava la parte trasparente dell'occhio stesso.

Per Alcmeone quanto più l'occhio era puro, intendendo probabilmente con il concetto "puro" l'occhio sano, non soggetto a malattie o difetti, tanto più la visione era migliore. Secondo la sua rappresentazione il fuoco rappresentava la forza attiva della visione, mentre l'acqua avrebbe il compito di portare l'oggetto all'occhio attraverso un meccanismo di riflessione che i frammenti descrivono così:

> Molte sono queste membrane davanti alla parte dell'occhio che vede; e sono anch'esse, come quelle, trasparenti. Per questa parte trasparente si riflette la luce e tutto quello che è lucente: per questo riflettersi l'uomo vede.

Alla fine egli delineava un percorso encefalocentrico:

> Dall'umidità che è attorno al cervello si separa la parte più pura per le vie che dagli occhi portano alla meninge circondante il cervello.

Non lontano dalla concezione sulla visione di Alcmeone era Empedocle (492-430 a.C.) di Acragas (Agrigento), medico e fisico che enuncia la dottrina della percezione e della conoscenza attraverso la teoria dei simili, vale a dire attraverso il principio che il simile conosce il simile. Difatti Empedocle dice:

Con la terra infatti vediamo la terra, l'acqua con l'acqua,
con l'aria l'aria divina, e poi col fuoco il fuoco distruttore,
con l'amore l'amore e la contesa con la contesa funesta.

Tutti i corpi sono formati di quattro elementi: la terra, l'aria, il fuoco e l'acqua. Questi elementi hanno dei "pori" o passaggi che sono in comunicazione tra di loro. La sua teoria sulla percezione è basata sulle emanazioni che fluiscono dagli oggetti (*percipiendum*) agli organi di percezione (*percipiens*). Queste emanazioni devono essere simmetriche ai pori, cioè se sono troppo piccole o troppo grandi rispetto ai pori non possono essere percepite. Quindi con gli occhi vediamo solo quelle emanazioni che passano perfettamente attraverso i pori degli occhi. Per questa ragione gli occhi non percepiscono gli odori, ma solo i colori. Gli occhi, come qualsiasi altra cosa, sono costituiti dai quattro elementi. Nel loro interno c'è il fuoco che è circondato da acqua che a sua volta è circondata da aria e terra. L'occhio è comparato da Empedocle a una lanterna al centro della quale (in corrispondenza con il cristallino) c'è il fuoco. Tra questo e la cornea, composta di terra, c'è l'acqua che è separata dal fuoco attraverso una sottile membrana.

Empedocle affermava che la luce era fiamma sempre in movimento e che talvolta si trovava tra la Terra e il Cielo. La luce del Sole attraversava lo spazio che separava la Terra dal Cielo e giungeva con una velocità così alta che neppure si poteva avvertire. Inoltre, egli notava che la luce poteva essere spezzata (rifratta) dai corpi trasparenti. Poiché solo un corpo rigido poteva essere spezzato, per analogia, la luce, non poteva avere altra natura che quella di un corpo. Queste intuizioni erano straordinarie, anche se nascevano da un'osservazione non sperimentale della realtà, e ci indicano che Empedocle fu il primo, anche se non il solo, tra i filosofi di una certa autorevolezza, ad aver ipotizzato una natura corpuscolare della luce. Nei secoli a venire altri ipotizzeranno una natura corpuscolare della luce, ma la certezza si ebbe solo quando raffinati strumenti d'indagine permisero di misurare la luce e i fenomeni a essa associati.

Empedocle manteneva in vita l'ipotesi che la vista fosse per sua natura ignea. La struttura dell'occhio era porosa con pori adatti al passaggio del fuoco e altri adatti al passaggio dell'acqua, e per questa ragione non tutti gli occhi erano eguali: alcuni vedono meglio di giorno, altri di notte. Secondo Empedocle chi ha una minore quantità di fuoco vede meglio di giorno, perché la luce dell'ambiente compensa meglio la minore capacità visiva. Viceversa chi ha maggior quantità di fuoco vede meglio di notte, compensando con il maggior fuoco l'oscurità della notte. Per descrivere la visione diurna e notturna egli assimilava l'occhio a una lanterna.

Per Empedocle la miglior vista si ha quando c'è una perfetta mescolanza di acqua e fuoco poiché l'acqua aiutava la visione diurna contribuendo, a parità d'intensità del fuoco all'interno dell'occhio, a ridurre l'effetto luminoso verso l'esterno. Per effetto del calore interno del fuoco, l'acqua si dissolveva, subentrando così l'effetto notturno in cui il fuoco nell'occhio prevaleva e disperdeva la sua luce nello spazio circostante illuminandolo.

Attraverso quest'approccio Empedocle era anche in grado di fornire un'indicazione sulla visione dei colori stabilendo che la conoscenza attraverso la visione era facilitata quando si guardavano cose simili, mentre non era facilitata quando si guardavano cose dissimili. Di conseguenza il bianco era meglio visto di giorno e il nero di notte.

Empedocle spiegava le sensazioni che provengono dalla vista, a volte attraverso dei raggi, altre attraverso effluvi luminosi che escono dagli occhi. Per la prima volta si parlava anche di colore, associando il bianco al fuoco e il color nero all'acqua. Siccome per Empedocle i pori del fuoco e quelli dell'acqua sono alternati, secondo lui noi possiamo vedere il bianco mediante i pori che sono funzionali al fuoco e il nero mediante quelli che sono funzionali all'acqua. Poiché inoltre questi pori sono in grado di adattarsi a ciò che proviene dall'esterno, è verosimile pensare che, attraverso questo processo, anche altri colori potessero essere visti.

Naturalmente viene spontaneo chiedersi come mai, se la vista è sostenuta da questo fuoco, non si vede nell'oscurità? Empedocle non dà una risposta diretta ma risponde attraverso un ragionamento che coinvolge il colore degli occhi. Egli asserisce che gli occhi azzurri vedono di meno di giorno, perché sono ricchi di fuoco, mentre quelli neri essendo ricchi di acqua, non vedono bene di notte. Seguendo la sua teoria, è più lecito pensare che sia l'acqua a modulare la visione, piuttosto che il fuoco. Infatti se gli occhi, azzurri o neri, vedono allo stesso modo sia di giorno sia di notte, risulterebbe che non fosse tanto il fuoco a definire l'acuità visiva, quanto la presenza di acqua.

Democrito (460-360 a.C.) di Abdera (Grecia), filosofo fondatore con Leucippo (V secolo a.C.) della scuola atomistica, è il primo filosofo che tenta una spiegazione del colore attraverso una loro mistura. I composti sono colorati per effetto dei contatti reciproci tra gli elementi e dalla configurazione spaziale degli atomi. I colori semplici sono quattro: il bianco, il nero, il rosso e il verde. Tutti gli altri colori sono formati attraverso una mistura di questi quattro.

Contrariamente a quanto asserisce Empedocle, Democrito non assimila il colore bianco a una sostanza come il fuoco, oppure il nero all'acqua ma a una caratteristica superficiale: la rugosità. Il bianco è più liscio, il nero più rugoso. Inoltre introduce le sensazioni come il prodotto di un processo legato alla similitudine tra le cose, senza chiarire se derivi dall'azione di cose simili o dal loro contrario.

Come dice Giovanni Reale, l'atomismo nasce dal rovesciamento dell'ipotesi di Melisso di Samo (V secolo a.C.), contenuto nei frammenti 7 e 8 che trattano dell'essere e del non essere e del pieno e del vuoto.

Melisso dimostra per assurdo che se

> ... qualcosa esiste, è eterna, perché nulla può nascere dal nulla e poi dal momento che è eterno è infinito e se tutto è infinito è Uno (Nauck).

Poi, si serve di una dimostrazione paradossale utilizzando i concetti di pieno e vuoto assimilati rispettivamente all'essere e al non essere:

> Se è eterno e infinito e del tutto omogeneo, l'Uno è immobile; infatti, non può essere mosso se non procede verso qualche cosa: ma è necessario che proceda o andando nel pieno o andando nel vuoto, dei quali l'uno non può accoglierli, l'altro non è nulla (Nauck).

Ancora Reale scrive:

> Il rovesciamento degli atomisti sta proprio nel far proprio il ragionamento Melissiano e capovolgendolo permette di iden-

tificare negli atomi la frantumazione dell'Essere-Uno eleatico in infiniti Esseri-Uni che aspirano a mantenere quanti più caratteri possibili dell'Essere-Uno. In tal modo la rilettura degli atomisti attribuisce a molti l'Essere-Uno Melissiano in modo tale che tutto il Cosmo e le cose in esso contenute sono prodotte unicamente dagli atomi e dal movimento.

Va subito chiarito che l'atomo degli Atomisti non ha lo stesso significato del termine moderno: esso è invece un atomo-forma, un atomo che si differenzia dagli altri atomi per figura, ordine e posizione, un oggetto ideale pensato e rappresentato indipendente dalla realtà esterna.

Per Democrito:

> ... gli atomi sono le lettere, le parole sono le qualità degli aggregati, le righe di testo e i periodi sono gli aggregati, le tavolette o i rotoli contenenti un testo di senso compiuto, costituito di tanti periodi coordinati, sono i mondi e il componimento globale è il tutto (Diels).

La percezione delle qualità sensibili corrisponde alla prima lettura del testo, la conoscenza razionale degli aggregati atomici alla sua analisi logico-grammaticale. I tre caratteri distintivi degli atomi sono: traiettoria, congiunzione, rivolgimento; i loro riflessi negli aggregati atomici sono: figura, ordine, posizione. Nell'alfabeto atomico si hanno due regole grammaticali: ogni atomo ha una sua peculiare forma di congiunzione e il simile attira il simile (legge costitutiva delle aggregazioni).

Le sensazioni sono spiegate da Democrito in base alle diverse caratteristiche degli atomi (rotondi, spigolosi, acuti, smussati, obliqui, isosceli, sinuosi, leggeri, pesanti, grandi, piccoli) e alle modificazioni che queste caratteristiche provocano in coloro che ne vengono influenzati. La sensazione avviene sempre per *contatto* tra il senziente e il fenomeno percepito, poiché senza un qualche contatto tra gli atomi dell'uno e quelli dell'altro non è possibile alcuna percezione. Nel caso della vista il contatto avviene tramite l'*eidolon*, che è un'immagine riflessa dall'oggetto di cui mantiene la forma globale ed esteriore, è un flusso di atomi che fuoriesce probabilmente dalla superficie dell'oggetto, che s'imprime nell'aria e grazie a questa viene a contatto con l'organo senziente. Questa impronta, divenendo consistente e contenendo i diversi colori dell'oggetto visto, giunge alla zona umida dell'occhio che lascia passare l'immagine.

Quanto ai colori Democrito sostiene che il bianco può essere duro o friabile. Il bianco duro è dovuto alla configurazione di atomi che si mettono in un ordine tale da produrre una superficie che, esemplificando, è come quella che compone la parte interna delle conchiglie. Il bianco friabile, invece, è dovuto alla presenza di figure atomiche rotonde, in posizione obliqua e collegate a coppie l'una rispetto all'altra. La loro friabilità nasce dal fatto che il contatto tra di loro avviene su piccole superfici.

Il nero deriva da figure atomiche complesse che producono ombra l'una verso l'altra. In questo caso il passaggio di luce è lento e disordinato, i pori non sono rettilinei e non sono facilmente penetrabili, e ne deriva una rugosità elevata, ma anche una sensazione spiacevole.

Il rosso è assimilabile al colore che il corpo umano assume per effetto del caldo, oppure a ciò che si vede quando si mette sul fuoco della legna o del ferro. Per questa ragione le configurazioni atomiche del rosso sono uguali a quelle del caldo. Più intenso è il rosso più la configurazione atomica è grande, ma il fuoco è meno caldo. Più il rosso è brillante più il fuoco è sottile, la configurazione atomica è meno grande, ma il fuoco è più caldo.

Infine il verde che deriva da un miscuglio di pieni e di vuoti e, secondo la disposizione e l'ordine di questi, assume varie sfumature.

Tutti gli altri colori derivano dalla combinazione di questi colori. Quest'approccio sembra anticipare la moderna scoperta della tricromia che utilizzando il rosso, il verde e il blu produce tutti i colori.

Secondo Democrito, il colore dell'oro, del bronzo e i colori analoghi a questi nascono dalla combinazione del bianco e del rosso. La tonalità rossastra nasce dalla luminosità del bianco e dal fatto che il rosso cade nei pori vuoti del bianco. Secondo lui aggiungendo il verde si ottiene un bellissimo colore purché sia dosato in modo adeguato. Tutti i colori si ottengono combinando insieme questi quattro colori di base. Il suo approccio al colore si adatta anche alla natura: il frutto di un albero, dapprima verde, diventa rosso grazie all'influsso del calore, avvalorando ancor di più la sua teoria basata sulle configurazioni atomiche.

Le teorie dei Presocratici e in particolare degli atomisti saranno utilizzate da Platone e da Aristotele per definire i loro concetti riguardanti la visione, al punto che le successive elaborazioni dei due grandi filosofi Greci ne saranno fortemente influenzate.

Platone (427-347 a.C.) tratta nel *Timeo* la teoria della percezione da un punto di vista generale, ma è nel *Teeteto* e nella *Repubblica* che egli affronta, in dettaglio, il tema della percezione visiva.

Qui di seguito riportiamo la parte relativa alla formazione dell'immagine contenuta nella "Prima parte del discorso di Timeo", così come è stata riportata nella traduzione curata da Giovanni Reale:

> E degli organi costituirono in primo luogo gli occhi che portano la luce, e glieli applicarono nel modo che segue. Quella parte del fuoco che non ha la caratteristica di bruciare, ma che ci offre la mite luce propria di ogni giorno, predisposero che diventasse un corpo. Infatti il fuoco puro che è dentro di noi affine a questo lo fecero scorrere liscio e denso attraverso gli occhi, comprimendo tutte le parti, ma specialmente la parte del mezzo degli occhi, in modo che trattenesse tutta la parte del fuoco che era più denso e lasciasse filtrare solo quello puro. Quando, dunque, vi sia luce diurna intorno a tale corrente del fuoco puro della vista, allora, incontrandosi simile con simile e unendosi assieme, se ne forma un corpo unico e omogeneo nella direzione degli occhi, in quel punto che scaturisce dal di dentro s'incontra con quello che confluisce dal di fuori. E tutto questo corpo, divenuto capace delle stesse impressioni a causa delle somiglianze delle sue parti, quando tocca qualunque cosa o qualunque cosa tocchi lui, diffondendo i moti di questi per tutto quanto il corpo fino all'anima, fornisce questa sensazione per la quale noi diciamo di vedere.

Come dice Lindberg nel suo libro *Theory of vision*, questo passo sta a indicare quale importanza Platone annettesse alla luce del giorno che si unisce strettamente con il fuoco che esce dagli occhi formando

> ... un singolo corpo omogeneo che si estende dall'occhio all'oggetto visibile: questo corpo è lo strumento del potere visivo che raggiunge lo spazio davanti agli occhi.

Lindberg, inoltre, confuta, proprio in base alla succitata descrizione contenuta nel *Timeo*, l'interpretazione sostenuta da Teofrasto (371-287 a.C.) che

> … immagina che, per Platone, esistessero due emanazioni di fuoco, una uscente dall'occhio e l'altra dall'oggetto visibile. Queste due emanazioni si sarebbero incontrate in una qualche parte dello spazio tra l'osservatore e l'oggetto osservato producendo la sensazione visiva. Egli sembra ignorare che, per Platone, la luce del giorno aveva un ruolo essenziale nel produrre quel corpo omogeneo che si estendeva tra l'occhio e l'oggetto visto. Non ci sono due fenomeni disgiunti, il fuoco che esce dall'occhio e quello uscente dall'oggetto, ma la visione è data da un corpo omogeneo che sta tra l'occhio e ciò che si sta vedendo.

Per quanto attiene al colore, Platone, nel *Menone*, chiarisce che è dovuto a particelle di varie dimensioni ed è una sostanza che fluisce dall'oggetto visto. È interessante riportare il dialogo tra Menone e Socrate perché riecheggia le teorie degli atomisti. Alla domanda di Menone di come Socrate definirebbe il colore, dapprima Socrate risponde in modo stizzito e poi (vedi Reale):

> (Socrate) Voi non affermate, dunque, alla maniera di Empedocle, che ci sono degli effluvi degli enti?
> (Menone) Esattamente
> (Socrate) E che ci sono dei pori nei quali e attraverso i quali gli effluvi scorrono?
> (Menone) Certamente
> (Socrate) E che degli effluvi taluni si adattano ad alcuni dei pori e gli altri, invece sono maggiori o minori?
> (Menone) È così
> (Socrate) E non c'è qualcosa che tu denomini vista?
> (Menone) Sì
> (Socrate) In base a questo, intendi ciò che dico, diceva Pindaro. Il colore è un effluvio delle figure proporzionato alla vista e percettibile.

Per Platone la parola *chroma*, che ha come significato primario quello di colore e come secondario quello di colore della superficie del corpo, e la parola *chros*, intesa come pelle, sono sinonimi di colore. Egli pensava che il colore fosse ciò che rendeva visibile la superficie.

Nel *Timeo* Platone associa a ogni solido, i cosiddetti solidi platonici, uno dei quattro elementi fondamentali: al tetraedro egli associa il fuoco, al cubo l'aria, all'ottaedro la terra e all'icosaedro l'acqua.

Quest'associazione non è da ascriversi totalmente a Platone, ma è antecedente a lui, probabilmente dovuta alla scuola pitagorica. Un quinto solido, il dodecaedro, viene associato da Platone all'immagine del cosmo intero, realizzando la cosiddetta *quintessenza*. Questa identificazione suggeriva un'immagine di perfezione che nasceva anche dal fatto che il dodecaedro, in volume, approssimava più degli altri poliedri regolari la sfera.

Egli, inoltre, sosteneva che la fiamma che promanava da un oggetto fosse sostenuta da tetraedri, che entravano nel campo visivo. Siccome il campo visivo poteva avere differenti dimensioni, queste particelle partecipavano attivamente a ridimensionarsi, ma nell'azione di ridimensionamento partecipavano anche a produrre il nero e il bianco. Per esempio se il fascio visivo incontrava particelle più grandi del fascio visivo stesso, i tetraedri si contraevano e in tal caso la fiamma diventava più scura. Viceversa se il fascio visivo incontrava particelle di fuoco più piccole, i tetraedri si dissolvevano o separavano il fascio stesso in più fasci. In questo caso la fiamma era composta di particelle più piccole e il moto era più rapido e tale da produrre il bianco.

Tuttavia, un punto nodale, che si ritroverà anche nei secoli a venire, era rappresentato dal fatto che non erano gli occhi che vedevano i colori, ma l'anima attraverso gli occhi. Sebbene Platone rifiutasse di ammettere che la visione fosse conoscenza, ammetteva che gli esseri umani erano in grado di percepire, ma che solo attraverso l'educazione potevano essere capaci di ragionare sulla natura e utilità delle cose.

Platone si poneva anche il problema della visione notturna, lo stesso problema che si era posto Empedocle. La sua soluzione è che, di notte, il fuoco uscente dagli occhi, non avendo più affinità con il buio della notte, si spegne, per cui non ci possono essere interazioni con gli oggetti e quindi non ci può essere visione. Se poi gli occhi sono chiusi, il fuoco non può uscire e quindi non c'è visione.

È interessante leggere il passo corrispondente del *Timeo*:

> Ma quando il fuoco puro si ritira nella notte, l'altro affine ne rimane separato. Infatti, uscendo fuori e imbattendosi in ciò che non gli è simile, esso si trasforma e si spegne, non essendo più della stessa natura dell'aria che sta intorno, perché questa non ha più fuoco. Cessa allora di vedere, e diventa, inoltre apportatore di sonno. Infatti, quella garanzia di sicurezza che gli dei escogitarono per la vista ossia la natura delle palpebre, quando si chiudono, imprigionano la potenza del fuoco (Reale).

Platone applica la sua teoria anche alla luce riflessa da uno specchio. Poiché l'immagine di un viso su di uno specchio è rovesciata rispetto all'immagine di partenza, egli spiegava questo fenomeno con la sovrapposizione combinata del fuoco che emerge dalla faccia con quello che proviene dagli occhi:

> E le cose che sono a destra appaiono a sinistra, in quanto avviene per contatto tra le parti opposte della vista rispetto alle parti opposte dello specchio, contrariamente al solito modo del contatto visivo (Reale).

Per Platone i fasci visivi sono parte integrante del nostro corpo, ma la loro interruzione non produce dolore, né il loro ripristino piacere. Essi sono fatti di tante parti sottili che, così come si possono facilmente disperdere, così possono ritornare alle condizioni primitive. Tuttavia nel *Parmenide* egli accenna al dolore e al piacere che dovrebbero essere percepiti dall'occhio come il risultato di un "continuo divenire".

L'approccio sulla visione che hanno i Presocratici e Platone si chiama estromissivo perché basato sul fatto che un fuoco esce dall'occhio e si combina, nei vari modi presentati, con un fuoco proveniente dall'oggetto visto.

Aristotele e i Peripatetici

Dai Presocratici a Platone la visione è trattata all'interno di lavori dedicati ad altri campi della conoscenza senza una discussione sistemica dell'argomento. Bisogna giungere ad Aristotele (384-322 a.C.) per avere, invece, un trattato organico sulla visione.

Aristotele nega la teoria della luce come emanazione corpuscolare, nel senso definito da Democrito e Platone. In secondo luogo afferma che la visione non è prodotta dalla fuoriuscita di un raggio igneo che esce dall'occhio dell'osservatore, come pretendevano i Presocratici e Platone, né tantomeno dalla fuoriuscita di un raggio uscente dall'oggetto visto. Introduce, però, un terzo elemento che egli individua nel mezzo interposto tra l'occhio e l'oggetto veduto. Questo mezzo è impalpabile e immateriale, e come tale rimarrà a lungo nella storia della scienza, è un mezzo che egli analizza in termini di trasparenza, di luce e di colore.

Nel suo trattato *Sull'anima* Aristotele chiarisce che cos'è la visione spiegando anche che cosa egli intenda per colore, nelle proposizioni dalla 66 alla 75.

> L'oggetto della vista è il visibile, e ciò che è visibile è (a) a colori e (b) un certo tipo di oggetto che può essere descritto a parole, ma non ha un solo nome; cosa s'intende per (b) sarà evidente in ciò che segue. Tutto ciò che è visibile è colore e colore è ciò che sta su ciò che è per sua propria natura visibile; "nella sua propria natura" qui significa non che la visibilità è coinvolta nella definizione di ciò che sta alla base dei colori, ma che tale substrato contiene in sé la causa della visibilità. Ogni colore ha in sé il potere di mettere in movimento ciò che è effettivamente trasparente; che il potere costituisce la sua stessa natura. È per questo che esso non è visibile se non con l'aiuto della luce, è solo alla luce che il colore di una cosa si vede. Di qui il nostro primo compito è quello di spiegare cosa sia la luce (J. Smith).

In questo senso, per Aristotele, il colore esiste anche senza visione, ma viene messo in evidenza quando ci sono le giuste condizioni, cioè quando c'è la luce.

Poi passa a definire che cos'è la luce passando attraverso la definizione di trasparente.

> Ora c'è chiaramente qualcosa che è trasparente, e per "trasparente" intendo dire ciò che è visibile, ma non ancora visibile in sé, ma piuttosto la sua visibilità grazie al colore di qualcosa d'altro; di quella caratteristica sono dotate aria, acqua, e molti corpi

solidi. Né l'aria né acqua sono trasparenti sol perché sono l'aria o acqua; essi sono trasparenti perché in ciascuno di essi è contenuta una certa sostanza che è la stessa in entrambi e che si trova anche nel corpo eterno, che costituisce il guscio superiore del Cosmo fisico. La luce è l'attività di questa sostanza; l'attività di ciò che è trasparente misura qual è in esso il determinato potere di diventare trasparente; dove questo potere è presente, c'è anche la potenzialità del contrario, vale a dire le tenebre. La luce è come se fosse il colore corretto di ciò che è trasparente, ed esiste laddove il potenzialmente trasparente è portato ad attuarsi per l'influenza di un incendio o qualcosa di simile che richiama "il corpo più in alto"; poiché anche il fuoco contiene qualcosa che è la stessa cosa con la sostanza in questione. Ora abbiamo spiegato cosa è la trasparenza e che cosa è la luce; la luce non è né il fuoco, né qualsiasi tipo di corpo né un flusso da qualsiasi tipo di corpo (se così fosse, sarebbe ancora una volta una sorta di corpo); essa è la presenza di fuoco o qualcosa di simile al fuoco in quello che è il trasparente. Non è certo un corpo, perché due corpi non possono essere presenti nello stesso luogo. L'opposto della luce è tenebra, l'oscurità è l'assenza di ciò che è il trasparente nel corrispondente stato positivo sopra caratterizzato, chiaramente, pertanto, la luce è solo la presenza di questo (J. Smith).

Per Aristotele la luce si propaga istantaneamente tra oggetto e osservatore, seppure attraverso un mezzo interposto senza il quale non è possibile vedere. In tal modo egli nega che la luce abbia velocità finita come pensava Empedocle. Lindberg scrive:

> Il mezzo è diafano e trasparente, una natura che, secondo il concetto di Aristotele, vale per tutti i corpi, ma specialmente per l'aria, l'acqua e certi corpi solidi. [...] [questo mezzo] non è qualcosa che vediamo, ma è quello che ci permette di vedere. La luce è uno stato del mezzo trasparente che deriva dalla presenza del fuoco o di un corpo luminoso.

In sostanza per Aristotele non ci può essere un fenomeno percettivo senza la presenza di un mezzo di una qualche natura che nel caso della visione sono: aria e acqua. L'introduzione di una fonte luminosa come il fuoco trasforma il mezzo da opaco a trasparente e l'azione del percepire è immediata.

Nello scritto *Sul senso e gli oggetti sensibili*, documento inteso come un supplemento a *Sull'anima*, Aristotele dichiara:

> Ecco, allora, possiamo dire che la luce è una "natura" intrinseca del trasparente, quando quest'ultimo è senza un limite determinato. Ma è evidente che, quando il trasparente è in determinati corpi, i suoi contorni devono essere qualcosa di reale; e che il colore sia proprio questo "qualcosa" è chiaramente spiegato dai fatti che il colore è effettivamente il limite esterno, o l'essere stesso di tali limiti, nei corpi. Di conseguenza fu che i Pitagorici chiamarono la superficie di un corpo la sua 'tinta', per 'tonalità', infatti, si trova al limite del corpo; ma il limite del corpo, non è una cosa reale, piuttosto dobbiamo supporre che la stessa sostanza naturale che, esternamente, è il veicolo del colore esista [come un possibile veicolo] anche all'interno del corpo (J. Smith).

In questo passaggio egli dichiara che la superficie dell'acqua o del vetro o altro mezzo trasparente è colorato e dichiara anche che il colore reale visto è alla superficie dell'oggetto materiale. Allora si può pensare come fa Turnbull che la percezione, da un punto di vista fenomenologico, può essere considerata come un insieme di piani colorati che giacciono sui contorni o alla superficie dei corpi. Tra gli occhi e uno di essi, naturalmente, c'è il "trasparente".

Ancora Lindberg:

> [Il colore] ha la capacità di mettere in moto il mezzo trasparente e quindi di produrre un cambiamento [in modo da permettere la visione]. Gli occhi sono composti di acqua, uno dei mezzi trasparenti e quindi possono ricevere la luce e il colore e [trasferire] all'organo di senso, che è l'anima, tutte le informazioni ricevute.

Per Aristotele la visione avviene attraverso questo mezzo trasparente che è un continuo che agisce tra l'oggetto e l'osservatore attraverso l'umor vitreo dell'occhio fino all'anima. L'approccio usato dimostra che Aristotele è in totale disaccordo con Platone sia per quanto attiene l'estromissione di luce dall'occhio, sia per quanto attiene il fuoco uscente dal corpo veduto. Egli rigetta anche la combinazione tra luce diurna e quella uscente dall'occhio, combinazione che secondo Platone, produce un mezzo ottico efficace tra l'osservatore e l'oggetto veduto. La teoria di Aristotele è di tipo intromissivo, vale a dire stabilisce che la luce proviene dall'esterno e raggiunge l'occhio.

Il concetto più forte è quello che nasce dall'introduzione di una fonte luminosa, che trasforma un mezzo opaco in uno trasparente che permette la visione solo quando l'organo di senso è in certe condizioni. L'eccessivo scostamento da queste condizioni può produrre la distruzione dell'organo di senso, come può accadere guardando il Sole. L'occhio stimolato dai moti di un oggetto colorato tende ad aggiustarsi sia in funzione del colore sia in funzione della sua forma, così come fa la cera che può assumere la forma di un corpo senza essere della medesima materia.

La teoria sul colore è presentata nel terzo libro del *Meteorologica*, generalmente indicato come *Meteorologica III*. I colori dell'arcobaleno che noi vediamo sono prodotti dal riflesso dei raggi visivi sulle gocce d'acqua al Sole. La riflessione comporta che i raggi visivi nel piegarsi s'indeboliscano e producano il colore. La debolezza dei raggi è dovuta all'effetto causato dalla variazione della loro direzione, ma anche dalla mescolanza con il mezzo che genera il colore. Il concetto di debolezza è anche associato al concetto di oscurità, momento in cui non si può vedere. Il nero rappresenta quindi la negazione della visione, ma può anche accadere che non ci sia una totale mancanza di visione, ma solo un indebolimento che produce un colore intermedio tra il bianco e il nero. L'indebolimento accade, secondo Aristotele, quando si hanno queste tre condizioni:

- Una luce brillante attraversa il nero. In tal caso, il colore prodotto è il rosso.
- Quanto più la visione diventa estesa. Allora la vista s'indebolisce e si riduce.
- Se si considera che il nero è in generale la negazione, allora, quando appare, è il fallimento della vista.

David Hahm scrive nel suo saggio *Early ellenistic theories of vision and the perception of color* che:

> ... poiché il nero è una negazione ed è il fallimento della vista che avviene quando la vista non raggiunge qualcosa e poiché può accadere che non ci sia un totale fallimento [nella visione] questo è detto indebolimento che produrrà un colore intermedio tra il bianco e il nero, [quindi] l'indebolimento può essere considerato come una diminuzione di penetrabilità.

Allora quando le cose appaiono scure è perché la vista non è in grado di penetrare l'oggetto che sta vedendo e quindi il concetto di forza visiva consiste nell'abilità a penetrare il mezzo. Aristotele adotta un modello di percezione del colore basato su "forza", "debolezza" o "fallimento", che sono descrizioni appropriate delle qualità possedute dai raggi visivi, incorporando anche il concetto di grado di osservabilità tra osservatore e oggetto osservato. Di fatto noi non abbiamo altre informazioni di come Aristotele tratti il colore al di fuori di quello relativo all'arcobaleno e all'atmosfera.

Aristotele fondò anche la scuola dei Peripatetici ed ebbe, tra i suoi allievi, quel Teofrasto che avrebbe trattato i concetti di visione a partire da Alcmeone fino a Platone. I Peripatetici curarono l'organizzazione delle lezioni e degli scritti di Aristotele e composero in tempi successivi il trattato sul colore *De coloribus*, che è giunto a noi nel corpo dei lavori di Aristotele sebbene, per la maggior parte, non sia di sua mano.

In realtà questo trattato sembra una proposta di ricerca sui principi che governano il colore e le sue variazioni, soprattutto degli animali e delle piante. Per i Peripatetici i colori sono proprietà fondamentali delle sostanze. In natura ciascun elemento possiede un colore semplice e i colori delle cose che noi vediamo sono delle misture dei colori semplici. In tale contesto il trattato è uno sviluppo della dottrina di Aristotele *Sull'Anima* e *Sul senso e sugli oggetti sensibili*. Il trattato, tuttavia, va oltre perché, per i Peripatetici, è la luce che si muove tra l'osservatore e l'oggetto osservato, mentre per Aristotele è il mezzo interposto che si muove. Inoltre la luce trasmette il colore all'occhio e può variare le sue tonalità in funzione della sorgente che l'ha generata, sia essa il Sole sia la Luna, sia il fuoco o un lampo. Prima di arrivare all'occhio, la luce può incontrare un mezzo colorato e si colorerà in base alla mistura della sostanza che ha attraversato. La luce può essere riflessa quando colpisce un oggetto e in tal caso si mescolerà con il colore naturale di quell'oggetto in base alla sua forza e all'angolo d'incidenza.

Un oggetto che non riflette o riflette poco la luce appare nero. Riprendendo i concetti aristotelici di "forza" e "debolezza", i Peripatetici spiegano come la luce che attraversa un mezzo assai denso possa produrre rispettivamente il colore blu o in totale opacità il nero. Viceversa nel caso di un'atmosfera poco densa o per un percorso corto, la luce penetrerà l'atmosfera ed emergerà senza essere attenuata.

L'acqua, l'aria e la terra sono bianche, mentre il fuoco è giallo. L'acqua si può colorare per effetto della mescolanza di altri elementi; per esempio il trattato dichiara che la sabbia diviene gialla per effetto della mescolanza del fuoco e del nero, colore di altre sostanze che hanno impregnato l'acqua. Tuttavia il nero non è un colore che proviene da alcun elemento e così nel *De coloribus* si chiarisce che:

> … il nero accompagna gli elementi quando questi sono sottoposti a trasformazioni in altri elementi (Gottschalk).

In realtà il nero viene utilizzato per definire tutti i colori naturali che non siano il bianco o il giallo. In tal modo i Peripatetici spiegano l'intero spettro dei colori sviluppando una teoria della tricromia fatta con il bianco, il nero e il giallo.

Confrontando il trattato sul colore dei Peripatetici e il *Meteorologica* di Aristotele si scopre che sono assai differenti e ciò è segno che la scuola aristotelica era in grado di cambiare idea qualora le evidenze scientifiche lo permettessero: erano dei veri ricercatori, nel senso più moderno del termine.

Innanzi tutto essi assumono che il colore degli oggetti è trasportato dal raggio visivo che si muove dalla sorgente di luce all'oggetto e poi raggiunge l'occhio. Questo concetto non è la mera estensione del *Meteorologica* e non ne è neppure una correzione, ma è una vera e propria nuova teoria poiché in essa manca l'elemento chiave della teoria della visione aristotelica, quel mezzo trasparente che sostiene il trasporto visivo.

I Peripatetici consacrano definitivamente un capitolo nuovo nella teoria della visione: l'intromissione visiva. Essa indica che la luce provenendo dall'esterno e arrivando all'occhio, permette la visione delle cose. Senza di essa non c'è colore che, invece, è prodotto quando la luce si mescola con altre sostanze o quando questa colpisce un oggetto con un certo angolo.

Gli Stoici ed Euclide

Per gli Stoici l'essere umano occupava nel mondo un posto preminente. Questo privilegio gli era dato dal fatto che più di ogni altro egli è partecipe del *logos* (ragione) divino. Nella dottrina stoica il *logos*, pur essendo Uno, è capace di differenziarsi in parecchie cose, è il seme di tutte le cose.

> [Il *logos*] attraversa tutte le cose mescolandosi al grande come ai piccoli astri luminosi (Von Armin).

Dall'originario *logos*-fuoco si originarono gli elementi: l'elemento fuoco, l'elemento aereo, che riscaldato ha dato origine allo *pneuma* (spirito). Quindi si formano l'elemento solido e quello liquido, e tutto il cosmo e le cose del cosmo, per opera del fuoco e dello *pneuma* che circolano in tutte le cose. L'uomo era costituito da anima e da corpo. L'*anima* per gli Stoici non era immateriale, come oggi siamo abituati a pensare, ma era corpo, ossia parte dello *pneuma*.

La nozione di *pneuma* aveva già trovato impiego nella biologia aristotelica e nella medicina, tra l'altro per spiegare i processi della respirazione e del movimento. Gli Stoici attribuiscono allo *pneuma* la funzione di tenere insieme, compatti, i due elementi passivi, l'acqua e la terra, attraverso la tensione che lo *pneuma* stabilisce tra le singole parti. Esso rende l'Universo un *continuum* dinamico, una sorta di unico grande essere vivente percorso incessantemente da questo soffio caldo. L'anima è innata ed è estesa a tutto il corpo. Essa è il principio della vita ed è responsabile non solo del procreare, ma anche del moto e di tutte le funzioni cognitive. Il centro dell'anima è il cuore da cui si estendono i cinque sensi. Gli Stoici negano che il cervello abbia funzioni cognitive. Ciascun senso è un *continuum* dello *pneuma*, in grado di trasmettere informazioni provenienti dall'esterno e dirette verso il centro, il cuore.

Il fondatore della scuola degli Stoici fu Zenone di Cizio (IV a.C.) e la loro filosofia aveva una forte base etica. Siccome Zenone non era ateniese non aveva diritto ad acquistare una casa; per questo motivo tenne le sue lezioni in un portico che in greco si dice *stoà*, per cui i suoi allievi furono detti "quelli della Stoà o Stoici". Per loro gli oggetti e il colore emergono dal nulla e creano un moto che è trasmesso all'anima creando delle sensazioni. Il mezzo che trasmette queste sensazioni è lo *pneuma* visivo che fluisce dalla sede della coscienza all'occhio ed eccita l'aria adiacente a questo, mettendola in uno stato di tensione. Tuttavia la visione non può avvenire senza l'azione tra lo *pneuma* visivo e la luce solare che si combinano per permettere alla nostra anima di estendersi per percepire l'oggetto visto.

Come per Aristotele e Platone, esiste, tra l'oggetto visibile e l'osservatore, un mezzo interposto. Tuttavia, per gli Stoici, la vista dell'oggetto si ha solo quando ciò che è veduto produce un cambiamento in questo mezzo interposto. La teoria è dovuta a Crisippo di Soli (281-208 a.C.), il quale dichiara che noi vediamo in virtù delle contrazioni dell'aria che è bucata dallo *pneuma* visivo, il quale è sospinto dall'anima verso la pupilla. L'impatto di questo *pneuma* sull'aria circostante produce un cono visivo, purché l'aria sia omogenea. Crisippo compara questo cono al bastone di un cieco che scandaglia l'ambiente attorno a sé, ma con un raggio d'azione molto più grande, secondo quanto riporta l'Hahm.

Tutte le dottrine che abbiamo visto finora sono prive della matematica, anche se Aristotele subordina l'ottica alla matematica, in quanto l'ottica, essendo una parte della fisica è subordinata alla matematica. Aristotele, tuttavia, non fa uno studio della fisica della luce, per lui l'ottica è essenzialmente prospettiva e percezione della luce stessa.

Il primo trattato di ottica fu introdotto da Euclide (325-265 a.C.). Egli è considerato il "padre della geometria" e il suo lavoro più importante fu gli *Elementi*, scritti durante il suo soggiorno ad Alessandria. Questo libro è una raccolta di tredici volumi che esplorano differenti aspetti della geometria e della matematica. I primi sei riguardano la geometria piana, i successivi quattro i rapporti tra grandezze (in particolare il decimo libro riguarda la teoria degli incommensurabili) e gli ultimi tre la geometria solida. Gran parte del lavoro è stata scritta da altri matematici, ma Euclide fu il primo a raccogliere tutti i loro contributi negli *Elementi*. Ancora oggi gli *Elementi* rimane il libro base per la geometria euclidea. Nel 1733, un matematico italiano di nome Girolamo Saccheri, credendo di essere riuscito a trovare una falla nelle proposizioni di Euclide, pubblicò *Euclides ab omni naevo vindicatus*. Anche se difettosa la dimostrazione di Saccheri indicò la strada per la creazione di geometrie non-euclidee. Nel 1899, il matematico tedesco David Hilbert riorganizzò i fondamenti della geometria euclidea in senso moderno.

Tornando all'*Ottica* di Euclide si può dire che egli, ignorando volutamente ogni aspetto fisico, psicologico e filosofico tratta l'ottica da un punto di vista geometrico introducendo i seguenti postulati (Burton):

- si assuma che le linee disegnate direttamente dagli occhi passino attraverso uno spazio di grandi dimensioni;
- e che la forma dello spazio incluso entro la nostra visione sia un cono con il suo apice nell'occhio e la sua base ai limiti della nostra visione;
- e che queste cose viste su cui la visione cade siano visibili e che quelle cose su cui la visione non cade non siano visibili;
- e che le cose viste sotto angoli più grandi appaiono più grandi, quelle viste sotto angoli più piccoli appaiono più piccole e quelle viste sotto angoli uguali appaiono uguali;
- e che le cose viste tramite raggi più alti appaiono più in alto e quelle viste tramite raggi più bassi appaiono più in basso;
- e, similarmente, che le cose viste tramite raggi più a destra appaiono più destra e quelle viste tramite raggi più a sinistra appaiono più a sinistra;
- ma che le cose viste sotto più angoli si vedono più chiaramente.

I primi tre postulati indicano che i raggi procedono in linea retta e che l'insieme dei raggi produce un cono che rappresenta il limite della visione. Il primo postulato permette di fare una teoria geometrica della visione utilizzando il concetto che i raggi vanno in linea retta. I postulati 4, 5, 6, definendo la separazione angolare tra

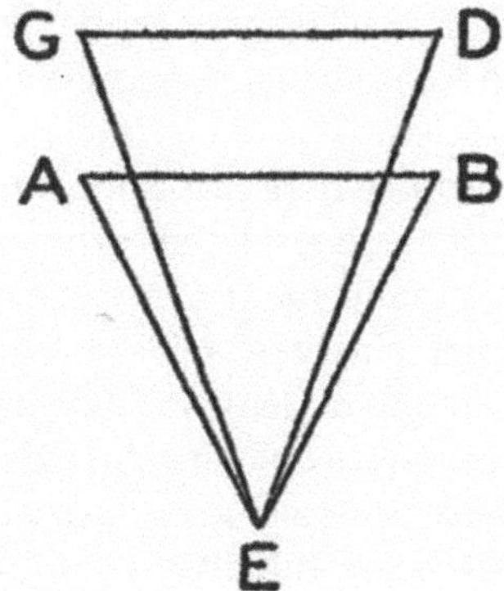

Fig. 2. *Esempio della proposizione 5. Oggetti di pari dimensioni posti a distanza diseguale appaiono diseguali e quello situato più vicino all'occhio appare sempre più grande. Siano due oggetti di dimensioni uguali, AB e GD, e sia l'occhio indicato con E, da cui gli oggetti siano posti a diseguale distanza, e sia AB più vicino. Io dico che AB apparirà più grande. Traccio i raggi, EA, EB, EG, e ED. Ora, dal momento che le cose viste in angoli maggiori appaiono più grandi, e l'angolo AEB è maggiore dell'angolo di GED, AB appare essere più grande di GD*

i raggi visivi, la posizione e la dimensione di un oggetto, permettono di descrivere i fenomeni ottici secondo la geometria. Il settimo stabilisce un criterio attraverso il quale è possibile vedere gli oggetti con più chiarezza.

Da questi 7 postulati Euclide fa discendere 58 proposizioni, che definiscono le leggi della visione e della prospettiva di un oggetto. Possediamo due versioni del libro sull'*Ottica*: quella scritta da Euclide e quella scritta da Teone di Alessandria (IV secolo d.C.). Un altro libro è attribuito a Euclide, il *Catottrica*, sulle leggi della riflessione, ma l'attribuzione di quest'ultimo libro è tuttavia assai incerta.

Tutte le 58 proposizioni sono geometricamente dimostrate, come si può vedere in *Euclid Opera Omnia* di Heiberg e Menge.

Un esempio della dimostrazione di una delle proposizioni di Euclide è mostrato nella Fig. 2.

Erone, Galeno, Tolomeo

Non v'è dubbio che tutte le teorie elleniche sulla visione influenzarono fortemente gli scienziati e i filosofi che seguirono: quelli del I secolo d.C. Questi filosofi paradossalmente detti "minori" fanno un'operazione di cesello sulle teorie di Aristotele ed Euclide, dando un notevole contributo alla teoria della visione. Tra questi possiamo annoverare Erone di Alessandria (10 a.C.-70 d.C.), chiamato anche Erone il vecchio, matematico e ingegnere.

Egli sviluppò le teorie geometriche di Euclide utilizzando gli specchi. La sua teoria sulla visione è suddivisa in Ottica, Diottrica, la scienza che riguarda i fenomeni della luce rifratta che attraversa corpi diafani, e Catottrica, quella parte che riguarda la luce riflessa. Erone riconosce che l'ottica è stata adeguatamente sviluppata da Aristotele, mentre la parte geometrica sviluppata da Euclide è complementare a quella di Aristotele. Tuttavia l'ottica richiede uno sviluppo matematico e geometrico per spiegare l'uso degli specchi. Inoltre egli introduce dei concetti fisici legati alla riflessione della luce e alla sua velocità. La riflessione è imputabile alla natura del mezzo che riflette o disperde la luce che si può perdere nelle cavità del mezzo, in altre parole ci può essere riflessione quando le porosità del mezzo sono riempite di una sostanza assai fine. Con queste assunzioni, Erone introduce, implicitamente, anche le caratteristiche fisiche della luce. Per quanto riguarda la sua velocità, egli assume che la luce si muova assai velocemente tanto che quando si chiudono gli occhi e poi si aprono la luce sia di nuovo visibile.

Catottrica è uno dei libri di ottica più interessanti. In esso, Erone non si accontenta di affermare, come fa Euclide, che la luce viaggia in linea retta, né si accontenta della forma della legge sulla riflessione. Ricerca una ragione comune tra le due leggi e la fa derivare dal presupposto che la luce scelga il percorso più breve tra due punti. Erone aveva dimostrato matematicamente il primo vero e proprio "principio minimo" della fisica: la luce viaggia tra due punti in base al percorso più breve. Così come la definizione di Archimede di una linea retta, che è il percorso più breve tra due punti, porta alla moderna idea di un percorso geodetico, così Erone di Alessandria ha spiegato i percorsi dei raggi riflessi di luce sulla base del principio di distanza minima che Fermat nel 1657 reinterpreta come un principio di minimo tempo. Egli può anche essere considerato come il primo sperimentatore pratico, dimostrando cosa si può fare con gli specchi di forma cilindrica.

Galeno di Pergamo (131-216 d.C.) fu un medico greco che elaborò una sua teoria sulla visione e la descrisse nel *De placitis Hippocratis et Platonis*. La sua è un'analisi critica alla teoria della visione. In primo luogo nega che gli oggetti inviino qualcosa di sé verso l'osservatore, in quanto sarebbe impossibile determinare le dimensioni di un oggetto. Per esempio una montagna dovrebbe drasticamente ridursi per entrare nel nostro occhio e dovrebbe mandare simultaneamente varie immagini di sé per raggiungere anche altri osservatori. Piuttosto gli sembra plausibile che sia l'osservatore ad attivare la sua vista per percepire la montagna. Egli era fautore della teoria estromissiva, piuttosto che intromissiva. Galeno definì molte di quelle caratteristiche fondamentali di anatomia e fisiologia dell'occhio che furono utilizzate fino al Vesalius (Andreas van Wesel 1514-1564). Galeno riteneva che l'occhio fosse fatto di sette strati: la congiuntiva, che per lui era un'estensione del periostio dell'orbita oculare, i muscoli oculari e i tendini orbitari, la sclera, la coroide, la retina, il corpo vitreo e il cristallino. Il limbo corneo sclerale era la giunzione tra coroide e retina. Il nervo ottico era cavo, consentendo il passaggio di umori patologici che potevano provocare malattie oculari. C'erano sette muscoli oculari, compresi i muscoli retrattori del bulbo (*retractor bulbi*), che si trovano solo nei mammiferi inferiori. Vale la pena notare che Vesalius non rettificò lo sbaglio fatto da Galeno. La retina era un'estensione del nervo ottico che nutriva il vitreo e attraverso il vitreo il cristallino. Il cristallino (*oculi divinum*) era considerato come il centro della percezione visiva. Corpuscoli visivi o emanazioni erano inviati dall'occhio all'oggetto visto e l'immagine di ritorno passava attraverso la lente del cristallino per essere trasportata attraverso il nervo cavo ottico al terzo ventricolo del cervello dove si trovava l'anima. Rilevò alcune delle caratteristiche peculiari della vista, come la visione binoculare.

Chi, nell'antichità, analizzò meglio l'ottica fu Tolomeo (127-148 d.C.). Egli combinò la matematica di Euclide alla fisica della visione. È meglio conosciuto per il suo *Almagesto*, ma fu anche il primo a fare un serio tentativo di studiare la legge della rifrazione luminosa. Scrisse l'*Ottica*, un libro in cinque parti. Questo lavoro, la cui prima parte è stata persa (anche se abbiamo una descrizione del suo contenuto), può essere riassunto come segue. La prima parte riguarda le relazioni tra l'occhio e la luce. La seconda riguarda le condizioni di visibilità: dimensioni, forma, colore e movimento dei corpi, spiegando perché siamo abituati a vedere una sola immagine di un oggetto, anche se abbiamo due occhi. La terza e quarta parte trattano delle leggi della riflessione per specchi piani e convessi. In esse Tolomeo fornisce probabilmente il primo tentativo di una spiegazione del perché la Luna e il Sole sembrino più grandi all'orizzonte rispetto allo zenit, una questione che è ancora oggi in discussione. Nella quinta parte, Tolomeo cerca di trovare una legge per la rifrazione. In primo luogo osserva che per piccoli angoli d'incidenza gli angoli d'incidenza e di rifrazione sono proporzionali l'uno all'altro. Egli osserva inoltre che, in fase di transizione da un mezzo più sottile a uno più denso, il raggio rifratto si avvicina di più alla perpendicolare, mentre è l'opposto per il raggio che viaggia in direzione opposta. Egli utilizza uno strumento ingegnoso per misurare gli angoli incidenti e rifratti per la transizione dall'aria all'acqua, dall'aria al vetro, e dall'acqua al vetro. Questo strumento è costituito da un disco circolare suddiviso in 360 gradi con un marcatore al centro e due marcatori mobili alla periferia. Si mette lo strumento in acqua, con i tre marcatori in fila, e si leggono le due posizioni, quella che dà l'angolo incidente e quella dell'angolo di rifrazione. Tolomeo fornisce delle tavole di rifrazione con 100 intervalli. Queste tabelle sono sorprendentemente accurate. Egli discute anche della rifrazione atmosferica assumendo che la causa sia dovuta al fatto che la densità dell'aria varia con l'altezza facendo notare che solo per una stella allo zenit la posizione vera e quella apparente coincidono. Secondo Tolomeo lo scopo reale del colore è quello di definire la superficie dell'oggetto veduto. Il colore ha quindi due funzioni. La prima definisce le dimensioni dell'oggetto rispetto allo sfondo; la seconda definisce i contorni tridimensionali dell'oggetto permettendo di valutare le sue caratteristiche spaziali. Tolomeo dice, inoltre, che:

> ... le proprietà visive esistono in due modi uno dei quali dipende dalla disposizione delle proprietà visibili [dell'oggetto visto] e l'altro dall'azione delle facoltà visive (M. Smith).

In questo modo egli introduce, con la prima affermazione, un criterio di esistenza oggettiva e con la seconda anche un criterio di soggettività.

Egli concepisce la percezione visiva come un processo complesso che si svolgeva in tre fasi. La prima era di natura fisica e comportava l'emissione di un flusso visivo proveniente dagli occhi. Tale flusso veniva a contatto con l'oggetto veduto purché questo fosse sufficientemente denso in modo da ostacolare il flusso visivo e luminoso, e sufficientemente forte da rendere il colore dell'oggetto visibile. Nella seconda fase l'oggetto modifica (egli usa la parola *passio*[1]) la sua colorazione non appena il contatto fisico è stabilito. L'azione che genera il colore trasmette le proprietà spaziali dell'oggetto. Queste proprietà sono visivamente determinate in base a certi parametri come dimensione, forma, posizione e moto. La terza fase determina il giudizio percettivo. Il risultato è una sorta di conclusione concettuale dell'oggetto come se effettivamente esistesse nello spazio, come scrive Tolomeo in *Sul criterio e l'elemento dominante*:

> Alla facoltà di percezione sensoriale appartengono sia gli organi di senso sia quelli di "phantasia"[2]. Gli organi di senso del corpo sono gli strumenti attraverso i quali questo contatto è fatto con le cose sensibili, mentre la "phantasia" è l'impressione e la trasmissione attraverso l'intelletto, il cui mantenimento e la memoria delle cose trasmesse chiamiamo concetto (M. Smith).

Dobbiamo a Tolomeo l'osservazione che la percezione visiva diminuisce man mano che il flusso visivo si allontana dall'asse del cono ottico e che l'apice del cono visivo si trova al centro della curvatura della cornea, cioè nel punto all'interno dell'occhio in cui convergono i raggi associati a tale curvatura. Tale punto coincide con il centro di rotazione del bulbo oculare.

La visione nella cultura latina

I primi scritti latini risentirono fortemente della tradizione greca. Poiché i punti di riferimento teorico erano Platone e Aristotele, era anche naturale che i vari autori partissero dalle loro osservazioni o teorizzazioni per poi distaccarsene aggiungendo altre conside-

---

[1] Noi potremmo tradurre con *pathos*, per indicare una modifica anche in senso emozionale, irrazionale; il *pathos* è una delle due forze che regolano l'animo umano secondo il pensiero greco ed è contrapposto al *logos*, che è la parte razionale.

[2] *Phantasia* è la parola con cui l'antichità greco-latina da Empedocle ai neoplatonici, in ogni campo della cultura, designa quel fenomeno psicologico, come la visione interiore, grazie al quale vi è l'atto produttivo dell'artista, del retore o del pensatore. Secondo Aristotele la parola *phantasia* deriva da *phaos* che indicava la funzione di luce al lavoro intellettivo.

razioni o variandole. Il primo che tratta della visione fu Lucio Anneo Seneca (4 a.C.-65 d.C.) partendo da argomenti meteorologici, così come aveva fatto Aristotele nel *Meteorologica*. La sua analisi inizia dalla teoria aristotelica degli specchi per definire l'arcobaleno e si pone il problema se l'immagine osservata in uno specchio abbia un'esistenza oggettiva o sia l'oggetto stesso percepito, e posto, al di fuori della sua posizione. Seneca non sviluppa una teoria della visione, anche se sembra propendere per una teoria dell'estromissione visiva.

Contemporaneo di Seneca fu Plinio il Vecchio (23/24-79 d.C.) che in realtà era più interessato a fornire l'aneddotica delle cose straordinarie piuttosto che la teoria della visione. Per esempio racconta come Tiberio vedesse nel buio come i gatti e come le volpi fossero in grado di emettere lampi di luce dagli occhi. Inoltre egli riferisce dell'uso degli specchi e spiega che la riflessione delle immagini avviene per effetto della ripercussione dell'aria che è all'interno dell'occhio.

Tuttavia l'evento più importante nella storia dell'ottica romana fu la traduzione del *Timeo* da parte di Calcidonio (IV secolo a.C.) che ebbe un notevole impatto sugli sviluppi successivi della visione. Calcidonio riprende in toto le teorie di Platone aggiungendo di suo le scoperte anatomiche sugli occhi e sulle loro connessioni con il cervello.

Durante questo periodo, l'ultimo di coloro che si occuparono di visione fu sant'Agostino (354-430 d.C.) di Hippo Regius (Ippona, oggi Annaba, in Algeria), assertore della teoria dell'estromissione visiva. Non esiste un suo trattato sulla visione come per altri autori, ma solo una presentazione all'interno dell'undicesimo libro: il *De Trinitate*. Il suo è un approccio sulla visione di tipo psicologico basato su tre fattori: l'oggetto visibile, l'atto della visione e l'attenzione della mente.

La scuola islamica

Il contesto religioso

La filosofia, la matematica e la medicina greca ebbero parecchi cultori nel mondo islamico. Per capire le ragioni per cui la scuola musulmana s'interessò alla teoria della luce bisogna andare alla teologia mùtazilita, una scuola di pensiero entro l'Islam sunnita che tentò di integrare la filosofia greca con quella islamica.

Come scrive il Wolfson, le origini del Mùtazilismo risalgono ai primordi dell'Islam, anche se si fanno ascendere al periodo di Al Mansur, secondo califfo degli Abbasidi (132 A.H./749 d.C.)[1] a Bagdad.

Dopo la morte del profeta Maometto l'Islam fu percorso da guerre con i Romani e i Persiani che assorbirono completamente le energie fisiche degli Arabi. I musulmani furono all'inizio assai più preoccupati di fare del proselitismo piuttosto che addentrarsi in discussioni teologiche astratte. Solo dopo che furono finite le campagne militari iniziarono a discutere di teologia. I primi che iniziarono furono quelli che facevano parte del "Popolo del Banco". Questo gruppo cercò di definire una ragione pratica della dottrina alla luce della ragione, preparando così l'avvento della scuola mùtazilita. Con l'espandersi dell'impero si fecero avanti nuove linee di pensiero e s'imposero quelle che avevano una marcata origine politica. Un esempio può essere quella

---

[1] L'acronimo A.H. (Anno Hegirae) si riferisce all'anno della fuga ("egira") di Maometto alla Mecca. L'era islamica inizia nel 622 del calendario cristiano latino. L'anno islamico è di 354 giorni.

dei Kharijiti (devoti alla *Jihad*, Guerra Santa Islamica) e degli Sciiti (partito di Ali, cugino e genero di Maometto). Da quest'ultima si fanno ascendere i Mùtaziliti attraverso la scuola dei Qadariti (seguaci della scuola teologica musulmana Qadariyya). Il primo che proclamò la dottrina dei Qadariti fu Ma'bad al-Juhani che visse nei primi periodi degli Omayyadi (dal 661 al 750) alla Mecca.

Il dialogo tra gli ortodossi, rappresentati dall'Iman Hasan al Basri, e coloro che come Wasil ibn Ata e Amr ibn Ubayad pensavano che "l'uomo fosse responsabile dei propri misfatti che non dovevano essere attribuiti a Dio" (Wolfson) divenne difficile. L'episodio storico riporta come dovesse essere considerata una persona che commetteva un peccato grave. Era ancora musulmano lasciando il suo caso a Dio oppure doveva essere considerato un miscredente? Sia Wasil che Amr asserirono che esisteva una terza via neutra. Prima che Hasan potesse replicare, Wasil e Amr si allontanarono. Allora Hasan pronunciò la frase: "si sono separati da noi (*i'tazala 'anna*)" da cui la parola Mu'tazillah. Questa spiegazione del nome Mùtaziliti non è senza un fondamento storico e comunque sottolinea che i Mùtaliziti furono espulsi dal circolo ortodosso dell'Iman Hasan. Un'altra interpretazione possibile è quella che viene data da Al Masudi (circa 346 A.H./957 d.C.) che nella sua opera *Murtuj al Dhahab* dice che i Mùtaziliti erano chiamati così perché la loro dottrina era "Manzilah bayn al manzilatayan (lo stato intermedio tra chi crede e chi non crede)".

Il califfo Yazid ibn Walid appoggiò il Mùtazilismo durante il suo regno tanto che il Mùtazilismo, alla caduta del califfato Omayyade nel 139 A.H./749 d.C., ricevette ospitalità dagli Abassidi e dal loro califfo Mansur che scrisse pure un'elegia in onore di Amr alla sua morte. Lo stesso Mansur divenne sostenitore dei Mùtaziliti e si dedicò all'arte e alla scienza. Quando al-Mansūr morì, lasciava un impero militarmente ed economicamente forte. Va ricordato che al Kindi studiò sotto il califfato di al-Mamūn, nipote di al Mansur.

Secondo quanto scrive Sheik in *Islamic Philosophy* la capacità dialettica dei Mùtaziliti fu essenziale nel definire e garantire il dialogo su quei temi che erano più controversi. Essi interpretarono i dogmi della religione islamica in termini razionali, definendo cinque principi di base:

- l'unità divina (*al-tawhid*);
- la divina giustizia (*al-'adl*);

- la promessa del premio e come trattare la punizione (*al-wa'd wa'l-id*);
- lo stato di colui che crede e colui che non crede (*al-manzilah bayn al-manzilatayan*);
- ordinare di fare del bene e proibire di fare del male (*amr bi'l-m'ruf wa'l nahy 'an al-munkar*).

L'unità divina

Sebbene i musulmani siano considerati tra coloro che credono in un Dio unico, i Mùtaziliti sono da considerarsi come i monoteisti per eccellenza. Essi espressero il concetto di Dio unico attraverso i seguenti quattro punti:

La relazione degli attributi di Dio con la Sua essenza

Il Corano descrive Dio come colui che conosce (*'Alim*), colui che è potente (*Qadir*), colui che dà la vita (*Havy*). Gli ortodossi attribuivano queste qualità come se fossero nell'essenza di Dio. I Mùtaziliti ribatterono che queste qualità sono l'essenza propria di Dio. I concetti degli ortodossi potevano aprire una sorta di politeismo, mentre per i Mùtaziliti Dio è un'Unità assoluta.

L'esistenza eterna o la non esistenza eterna del Santo Corano

Attraverso il Corano Dio parla al Santo Profeta e la parola del Corano è la parola di Dio (*Kalam Allah*). I musulmani ortodossi sostengono che il Corano è sempre esistito ed è eterno come Dio, anche se la sua rivelazione al Profeta è un evento temporale. I Mùtaziliti negano la coeternità del Corano perché determina due entità divine e quindi introduce il politeismo.

La possibilità di una visione beatifica di Dio

Tutti i filosofi islamici sostengono che il massimo per la vita umana è la visione beatifica di Dio. I Mùtaziliti sostengono che Dio non può essere veduto attraverso gli occhi, essendo Egli al di sopra dello Spazio e del Tempo. Una prova di ciò è contenuta nel Corano: "La visione non Lo comprende, ma Egli comprende tutti i modi del vedere". Un'altra prova sta nelle scienze ottiche per cui le condizioni del vedere erano: i) si deve possedere una buona vista; ii) l'oggetto della visione deve essere di fronte all'occhio, non troppo lontano né troppo vicino; iii) se è all'opposto dell'occhio la cosa da vedere deve essere riflessa da uno specchio; iv) l'oggetto della visione non deve essere troppo sottile ovvero deve essere un oggetto colorato o poco trasparente. Poiché Dio non soddisfa queste condizioni, non può essere visto con gli occhi. Un'altra prova sta nell'Hadíth (racconto, narrazione) che è parte costitutiva della cosiddetta Sunna, la seconda fonte della Legge islamica (*shari'a*) dopo il Corano. In esso si dice: "Vedrete il vostro Signore, come si vede la luna piena, mentre non tutti saranno d'accordo per quanto riguarda la Sua visione". I Mùtaziliti sostengono che la frase in questione proviene dalla tradizione orale di un solo gruppo e quindi non è accettabile essendo in contraddizione con i versi del Corano riportati sopra.

Interpretazione dei versi antropomorfi

I Mùtaziliti considerano tutte le dichiarazioni antropomorfiche di Dio contenute nel Corano, come quella della faccia, delle mani e degli occhi o anche il Suo sedersi sul trono, come espressioni metaforiche, ripudiando tutte le espressioni letterali al fine di mantenere l'unitarietà di Dio.

La giustizia divina

Secondo gli ortodossi Dio è assolutamente libero di fare ciò che vuole, il bene e il male, e quindi non vi può essere né teologia né etica, se non attraverso la rivelazione. I Mùtaziliti negavano questa posizione sostenendo che il bene e il male potevano essere fermati con la ragione. Nella loro convinzione di rendere la moralità indipendente dalla teologia, i Mùtaziliti possono essere considerati dei precursori di Kant. Essi quindi ritenevano che l'uomo avesse un certo grado di libertà, un postulato necessario a garantire la responsabilità morale.

La promessa del premio e come trattare la punizione

I Mùtaziliti sostengono che "Dio premia i virtuosi e punisce gli immorali e che egli non può fare altrimenti [Sheik]". Gli ortodossi viceversa sostengono che "il premio e la punizione sono dei regali di Dio", sostanzialmente reiterando ciò che essi dicono della dottrina della divina giustizia, Dio decide se punire o premiare a discrezione.

Tuttavia per i Mùtaziliti la moralità viene prima della teologia, mentre gli ortodossi antepongono la teologia alla moralità.

Lo stato di colui che crede e colui che non crede

Questa dottrina, che diede il nome ai Mùtaziliti, aveva una natura più politica che teologica. Difatti essi pensavano che se un uomo avesse commesso un grave peccato non sarebbe stato né un credente né un non credente, ma avrebbe occupato una posizione intermedia. Secondo loro, se quest'uomo fosse morto sarebbe andato all'inferno con la sola differenza che il credente avrebbe avuto una pena più lieve del non credente, sulla base dei seguenti versi del Corano e della Hadith: "è colui che è un credente uguale a colui che è un malvagio? Essi non sono uguali".

Ordinare di fare del bene e proibire di fare del male

Questa dottrina apparteneva alla pratica teologica dei Mùtaziliti ed era considerata come una responsabilità per ogni musulmano. Per propagandare il loro credo, i Mùtaziliti usarono anche la forza fino a creare una sorta di inquisizione (*mihnah*) contro tutti quelli che erano contro la loro visione. Questo portò a una forte reazione che fu la ragione della loro caduta.

Al di là di ogni considerazione religiosa, l'interesse per i Mùtaziliti viene anche da questa loro posizione sulla visione beatifica di Dio e dalla necessità di costruire un credo basato anche sugli elementi scientifici della visione, come avverrà anche nel mondo occidentale a opera di Grosseteste, Bacon, Witelo e Pecham dal Duecento in avanti. Il contesto culturale in cui nasce Al Kindi è quindi altamente permeato di grandi interessi scientifici collegati alla religione, per cui appare naturale che egli si applichi a una disciplina, l'ottica, che tanta parte ha nella teologia.

Il peripatetico musulmano: Al Kindi

Il primo filosofo che introdusse la filosofia greca ed ellenistica nel mondo arabo fu Abu Yusuf Yàqub ibn Ishaq al-Kindi, noto con il suo nome latinizzato Al Kindi (801-873 d.C.). Era un uomo poliedrico, con parecchi interessi in varie discipline: dalla filosofia alla matematica, alla chimica, dalla teoria musicale alla musicoterapia. Può essere considerato il primo dei filosofi peripatetici musulmani.

Il suo lavoro più noto sull'ottica fu il *De aspectibus*, giunto a noi attraverso una traduzione latina. Lo scopo di questo libro era di far rientrare l'ottica nella filosofia della natura. In questo come in altri libri, tra cui il *De radiis stellarum*, prende corpo un concetto che ancora ora noi usiamo: quello di radiazione, di potenza o forza. Per Al Kindi ogni cosa che esiste emette raggi che interagiscono con gli altri raggi emessi dalle altre cose.

Scrive la Vescovini nel suo libro *Le teorie della luce e della visione* che:

> ... le azioni e le operazioni delle cose avvengono secondo raggi e quindi secondo le leggi della diffusione radiale, cioè dell'ottica geometrica.

Questi raggi s'incontrano e interagiscono:

> Agiscono i cieli con la loro celeste armonia e agiscono gli elementi terrestri, operano gli uomini mediante l'immaginazione, la volontà, il desiderio; agiscono le parole (*voces*) e tutte queste operazioni avvengono per i raggi che s'incontrano, si accordano e si respingono secondo particolari affinità e rispondenze. [...] le stelle agiscono sulle cose terrestri che a loro volta reagiscono in modo diverso a seconda della natura degli elementi che le compongono.

Cioè esiste un'interazione tra il mondo celeste e quello terrestre, tra mondo superiore e inferiore.

Siccome le leggi della natura si basano sulla radiazione di potenza, la scienza che studia la luce, l'ottica, assume quindi un significato speciale, perché tratta proprio della radiazione di potenza e su tale assioma poggiano gli altri studi sulla natura.

Al Kindi inizia il *De aspectibus*, la sua opera principale, facendo un sommario delle varie teorie sulla visione: quella intromissiva degli atomisti, quella estromissiva di Euclide e Tolomeo, la combinazione intro-emissiva di Platone e una quarta teoria, quella di Aristotele, del cambiamento di trasparenza del mezzo e come questi cambiamenti siano trasmessi dal mezzo stesso all'occhio:

> Quindi io [Al Kindi] dico che è impossibile che l'occhio dovrebbe percepire i suoi sensibili salvo che attraverso le forme che viaggiano verso l'occhio, come hanno giudicato molti dei [filosofi] antichi, e si imprimono su di esso o dalla potenza che va dall'occhio all'oggetto sensibile, attraverso i quali li percepisce o da queste due cose che avvengono simultaneamente o delle loro forme che essendo stampate e impresse nell'aria e l'aria stampi e imprima loro nell'occhio, le quali [forme] l'occhio comprende attraverso la sua potenza di percepire quello che l'aria, quando la luce media, imprime su di esso.

Egli polemizza con i sostenitori dell'ottica geometrica euclidea che considera i raggi come entità astratte, matematiche, non fisiche. Ma questa polemica non intende negare affatto l'ottica geometrica, piuttosto arricchirla. Ancora, nel *De aspectibus*:

> Da come vediamo propagarsi le ombre dei corpi e le luci che entrano dalla finestra, cioè in linea retta, noi siamo spinti ad affermare che il passaggio dei raggi che provengono dai corpi luminosi avviene in linea retta.

Ancora la Vescovini aggiunge, utilizzando il precedente passo del *De aspectibus*:

> ... è il principio dell'evidenza sensibile che risulta anche dalla definizione di "aspectus"; esso è uno dei sensi per il quale si comprendano cose singolari diverse, nella misura in cui si dichiarano. Quindi il raggio luminoso non è un'astrazione, perché è percepibile e siccome è percepibile è un corpo.

Al Kindi spiega che raggi visivi sono luminosi e spiega che la loro propagazione produce delle luci e delle ombre, come dimostrano gli esperimenti. Questo passaggio è assai indicativo, perché per la prima volta i raggi luminosi sono associati ai raggi visivi. Anche se oggi per noi è intuitivo che i raggi luminosi e quelli visivi siano parte integrante dello stesso fenomeno, allora non era ancora stato scritto niente di simile. Al Kindi nega il meccanismo della intromissione dei raggi visivi, voluto dagli Atomisti, nega la teoria della combinazione tra intromissione ed estromissione dei raggi visivi, voluta da Platone, e nega pure la teoria basata sul mezzo interposto voluta da Aristotele. Egli ritiene che l'unica teoria valida sia quella dell'estromissione dei raggi visivi, adottando vari argomenti che spaziano dagli aspetti fisici, come la selettività e acuità, fino ai concetti di Aristotele sulla debolezza della vista quando questa non può penetrare l'aria. Ancora secondo Lindberg:

> Egli [Al Kindi] ipotizza che la struttura dell'organo di senso implichi il modo in cui questo funziona. Difatti l'orecchio è fisso e concavo per acquisire l'aria che produce il suono. Ma Dio ha voluto fare l'occhio sferico e mobile non per raccogliere delle idee; piuttosto, attraverso la sua mobilità si sposta su se stesso e seleziona l'oggetto al quale invierà il suo raggio.

Un altro argomento che egli utilizza per sostenere la teoria estromissiva e per spiegare la selettività della vista è quella di mostrare cosa accade mentre si legge. Dice Lindberg citando Al Kindi:

> Quando si legge un libro, si deve fare un grande sforzo per identificare una particolare lettera e la si percepisce solo dopo un certo tempo; è quindi evidente che percepiamo gli oggetti nel campo visivo attraverso una sequenza temporale piuttosto che tutti insieme.

Ebbene, secondo Al Kindi, se valesse la teoria della intromissione visiva, vedremmo ogni cosa simultaneamente entro il campo visivo e con egual acuità perché una volta che la forma dell'oggetto è entrata nell'occhio non importa più da quale parte arriva la sua immagine. Un altro argomento contro l'intromissione visiva è quello relativo alla figura di un cerchio. Se si guarda un cerchio di traverso si vedrà una linea. Se invece lo si ruota e lo si guarda di fronte lo si vede pienamente circolare. Ebbene, conclude Al Kindi, solo con la teoria estromissiva si può spiegare questo effetto: essa ti fa vedere solo ciò su cui cadono i raggi uscenti dall'occhio.

Un tema di particolare importanza nella sua teoria della intromissione è quello relativo al concetto di "forma". Parafrasando ancora Lindberg:

> Essa non è una composta da un gran numero di raggi individuali, come accade nella moderna tecnica del tracciamento dei raggi (*ray tracing*), piuttosto è una immagine o una similitudine non scomponibili in singoli raggi, che si imprime negli occhi dell'osservatore. Questo concetto di "forma" assomiglia al concetto di "eidola" (dal greco: immagine vista dagli occhi) della teoria della visione epicurea.

Questa asserisce che dalle cose escono continuamente delle sottili repliche dell'oggetto ovvero un film composto di atomi che raggiungono gli organi di senso, producendo la sensazione.

Come già detto, Al Kindi accetta la teoria estromissiva di Euclide, ma ci sono dei punti che egli critica. In particolare la concezione euclidea che i raggi visivi siano delle entità geometriche, linee unidimensionali. Le linee unidimensionali non hanno lunghezza né larghezza: esse definiscono l'oggetto solo per punti. Poiché i punti, però, non hanno dimensione, è impossibile percepirli e quindi l'oggetto traguardato non sarà visibile. Per questa ragione Al Kindi dichiara che i raggi visivi sono tridimensionali. Poi passa a trattare dei coni visivi. Se essi sono separati da spazi è difficile vedere completamente un oggetto; tutto quello che si vede sono delle piccole parti dell'intero campo visivo. Quindi, per permettere una percezione completa dell'oggetto, i coni visivi devono essere un continuo.

Pur riconoscendo che esistono differenti zone del cono visivo che hanno sensibilità diverse, Al Kindi lo spiega in modo differente dalla scuola euclidea. Difatti Euclide aveva ipotizzato che l'asse centrale del cono visivo fosse il più corto di tutti i raggi e quindi fosse percepito molto di più di tutti gli altri raggi; da un punto di vista matematico, la forza dei raggi variava inversamente con la loro lunghezza. Al Kindi estende le sue osservazioni alla sensibilità della percezione all'interno del cono visivo. Secondo i seguaci di Euclide questa sensibilità dipende dalla lunghezza del raggio: più corto è più chiaramente sarà percepito l'oggetto. Al Kindi nega questa ipotesi perché impossibile. Infatti, un oggetto messo in asse ma lontano dagli occhi viene percepito più chiaramente di un oggetto posto più vicino all'occhio, ma alla periferia del cono visivo. Per spiegare questo fenomeno Al Kindi si avvale dell'esempio presentato in Fig. 3 considerando il raggio visivo dovuto alla luce di una candela. Due candele possono illuminare una camera meglio di una, pertanto più raggi visivi cadono su di un oggetto, più chiaramente questo sarà percepito.

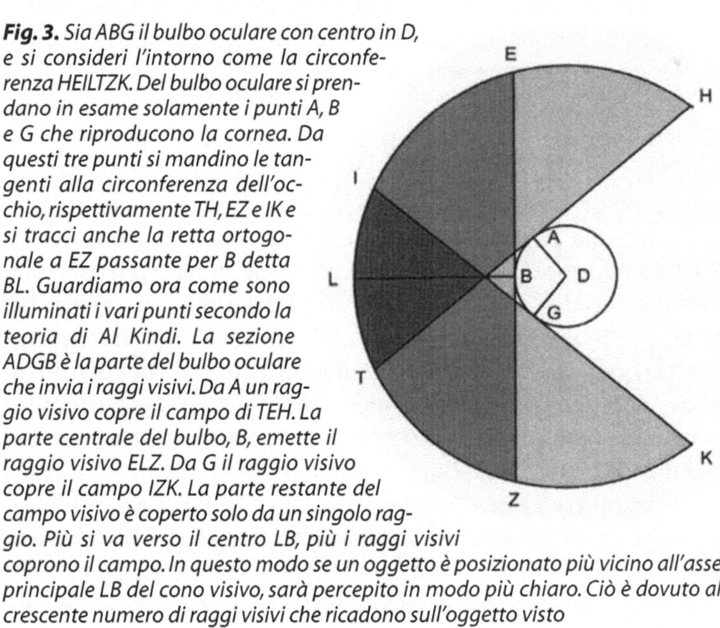

Fig. 3. *Sia ABG il bulbo oculare con centro in D, e si consideri l'intorno come la circonferenza HEILTZK. Del bulbo oculare si prendano in esame solamente i punti A, B e G che riproducono la cornea. Da questi tre punti si mandino le tangenti alla circonferenza dell'occhio, rispettivamente TH, EZ e IK e si tracci anche la retta ortogonale a EZ passante per B detta BL. Guardiamo ora come sono illuminati i vari punti secondo la teoria di Al Kindi. La sezione ADGB è la parte del bulbo oculare che invia i raggi visivi. Da A un raggio visivo copre il campo di TEH. La parte centrale del bulbo, B, emette il raggio visivo ELZ. Da G il raggio visivo copre il campo IZK. La parte restante del campo visivo è coperto solo da un singolo raggio. Più si va verso il centro LB, più i raggi visivi coprono il campo. In questo modo se un oggetto è posizionato più vicino all'asse principale LB del cono visivo, sarà percepito in modo più chiaro. Ciò è dovuto al crescente numero di raggi visivi che ricadono sull'oggetto visto*

Vediamo adesso come tratta il colore Al Kindi. Ancora Lindberg, parafrasando al Kindi, dice:

> Quanto più luce illumina il colore quanto meglio è visto. Questo implica che quanto più il raggio visivo è forte tanto più si vede. L'operazione visiva produce una conversione o trasformazione del mezzo circostante, sebbene Al Kindi non indichi come. Un raggio forte è quello che comporta una trasformazione completa, un raggio debole è quello che produce una trasformazione incompleta o imperfetta.

In conclusione, per Al Kindi i raggi visivi lungo l'asse producono una trasformazione completa che si degrada con l'allontanarsi dall'asse centrale. In questo modo egli associa la chiarezza percettiva alla posizione dell'oggetto nel campo visivo e non la fa dipendere dalla distanza dall'occhio. L'emissione radiativa, cioè il trasferimento della radiazione uscente da ogni punto dell'occhio, va in tutte le direzioni, ma solo parte di questa raggiunge il cono visivo che è un'entità continua. In ciò dissente da Tolomeo ed Euclide che localizzavano la sorgente del raggio visivo nell'occhio e assumevano che il cono visivo fosse fatto da angoli discreti. La grande forza del pensiero di Al Kindi non sta tuttavia nella teoria della estromissione visiva, quanto nel fatto che per primo identifica delle entità visive come la radiazione e la sua forza laddove, invece, Euclide simbolizza la percezione come una rappresentazione geometrica.

L'influsso di Galenisti e Aristotelici nel mondo islamico: Hunain Ibn Ishaq, Avicenna e Averroè

Nell'Islam c'erano anche altre scuole di pensiero che facevano capo alla dottrina di Galeno, in particolare nei circoli di medicina e oftalmologia. Il più influente medico islamico fu Hunain Ibn Ishaq (809-873 d.C.) vissuto durante il califfato degli Abassidi. Egli scrisse i *Dieci trattati sull'occhio* e il *Libro sulle questioni sull'occhio*. Questi libri devono la loro importanza non solo alle novità contenute sull'anatomia e sulla fisiologia dell'occhio, quanto alla dichiarata volontà di introdurre il pensiero di Galeno nel mondo islamico. Egli tradusse la filosofia e la medicina greca in siriaco e in arabo e per questa ragione fu chiamato il "traduttore per eccellenza". Il suo lavoro ebbe una grande influenza sulla medicina islamica. Molti dei suoi lavori furono tradotti in latino ed egli fu noto in Europa con il suo nome latinizzato Johannitus. Dallo studio dei suoi libri si deduce che Ibn Ishaq era un medico praticante e un oftalmologo.

Il primo trattato oftalmologico in arabo dei *Dieci trattati* riportava il decimo libro di Galeno *De usu et partium* aggiungendovi degli elementi di anatomia e fisiologia. In questo libro vi è una descrizione dell'occhio che ci fornisce il grado di conoscenza che avevano i fisiologi medioevali.

Una figura dell'occhio come rappresentato da Ibn Ishaq è mostrato nella Fig. 4.

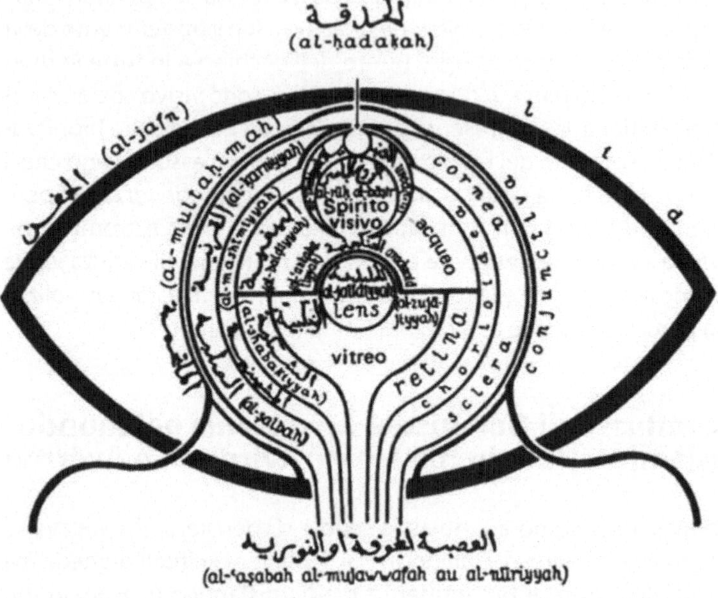

Fig. 4. L'occhio secondo Hunain Ibn Ishaq. Confrontare con la Fig. 1 per vedere il livello di conoscenza degli islamici. Per maggior completezza si riporta la traduzione dei termini arabi (al-hadakah=pupilla; al-nuriyyam=nervo ottico) (Fonte Stephen L. Polyak)

Una versione dei *Dieci trattati dell'occhio* in lingua araba con traduzione in inglese fu fatta dal Meyerhof. In essa viene analizzato minuziosamente l'occhio. Qui di seguito cercheremo di esemplificare il suo modo di descrivere la struttura dell'occhio, utilizzando le sue parole:

> Al suo centro [dell'occhio] si trova il cristallino che è incolore, trasparente e luminoso, non sferico, piuttosto leggermente appiattito. Dietro di esso si trova l'umore vitreo che ha la funzione di alimentare il cristallino mediante i vasi sanguigni della retina. È indubbio che una lente debba essere perfettamente trasparente, ma deve anche ricevere nutrimento, che

non può avvenire direttamente perché se no si macchierebbe del rosso del sangue. Il cristallino pertanto ha bisogno del vitreo, e anzi è immerso per metà nell'umore vitreo. Dietro il vitreo ci sono ulteriori tre strati: la retina, la coroide o secundina e la sclera. La retina ha origine dal nervo ottico e circonda il vitreo ed è essa che lo nutre, attraverso alle vene e alle arterie. Essa inoltre provenendo dal nervo ottico, ha il compito di portare lo spirito visivo al cristallino. La coroide copre e nutre la retina. Infine la sclera è rigida e ha il compito di proteggere l'occhio da eventuali lesioni. Davanti al cristallino ci sono tre strati: l'albuminoide, l'uvea e la cornea. L'albuminoide, così chiamato perché somiglia all'albume dell'uovo, si trova nell'apertura dell'iride (pupilla) e separa il cristallino dalla cornea. L'uvea è in pratica il proseguimento della coroide. Essa nutre la cornea e la separa dal cristallino cosicché non lo danneggi per frizione. Inoltre l'uvea ha un'apertura frontale per permettere il passaggio dello spirito visivo verso l'esterno. La cornea è il proseguimento della sclera, ed è trasparente per permettere il passaggio dello spirito visivo e della luce, e ha una consistenza rigida per proteggere l'occhio da eventuali urti dall'esterno. Infine esiste un ultimo strato chiamato congiuntiva che copre il tutto.

Nel terzo dei dieci trattati, Hunain discute anche dei nervi ottici che hanno origine nella parte posteriore del cervello e sono uniti nel chiasma ottico. Essi però sono invertiti, vale a dire che il nervo che ha origine nel ventricolo sinistro del cervello è collegato con l'occhio destro, mentre l'altro che ha origine nel ventricolo destro è collegato all'occhio sinistro.

Una volta descritte l'anatomia e la fisiologia dell'occhio, Hunain analizza le varie teorie della visione, sottoponendole anche a critica. Egli, infatti, asserisce che la teoria dei simulacri o *eidola* è improponibile perché implica il trasferimento della forma di un corpo attraverso l'aria. Se questo corpo è troppo grande, come per esempio quello di una montagna, non solo deve essere ridotto attraverso un'operazione di variazione di scala, ma deve inviare l'informazione anche agli altri occhi che lo stanno osservando, evento che secondo Hunain è improbabile. Anche le teorie di Tolomeo ed Euclide non sono possibili perché lo spirito visivo si deve estendere su tutto lo spazio tra l'occhio e l'oggetto osservato che può essere anche distante dall'osservatore. Secondo Hunian l'unica vera teoria è quella di Galeno e degli Stoici. Lindberg, riprendendo i *Dieci trattati* nella traduzione del Meyerhof, fa rilevare che la teoria di Hunain differisce da quella di Aristotele e Galeno. Infatti egli scrive:

> Non c'è flusso di materiale né dall'occhio verso l'oggetto visibile, né viceversa. Piuttosto è l'aria che riempie lo spazio tra l'oggetto e l'osservatore divenendo uno strumento dell'occhio, mediando tra l'occhio e l'oggetto che questi vede. [Tuttavia] ci debbono essere due condizioni perché l'aria possa effettuare questa situazione. La prima è che l'aria deve essere trasformata per effetto della luce solare. La seconda, l'aria deve essere trasformata per effetto dell'incontro con lo spirito visivo che esce dall'occhio.

Di fatto la sua teoria non introduce un flusso visivo che si propaga dall'occhio verso l'oggetto visto, quanto piuttosto una trasformazione del mezzo provocata dallo spirito visivo. Comunque Hunain non ci informa come avvenga questa trasformazione, ci dice solo che questo spirito è come il bastone in mano a una persona che cerca nello spazio davanti a sé. E poi, ancora Lindberg:

> Il processo visivo non si completa quando l'aria (ora strumento del potere visivo) ha percepito le dimensioni, la forma e il colore di un oggetto, poiché queste percezioni devono "ritornare" all'occhio e poi, infine, alla sede della coscienza nel cervello.

L'influenza di Hunain non si arresta solo all'Islam, ma raggiunge anche l'Occidente, trasmettendo alla cultura medioevale occidentale la teoria galenica della visione. Il suo lavoro può essere considerato come il tratto di unione tra la cultura greca, quella islamica e quella latina, con un "plus" legato alle malattie dell'occhio, mentre le questioni legate alla visione, per lui, erano di secondaria importanza.

Altri autori, invece, cercarono di contrastare la teoria della estromissione visiva, tra questi si può citare Abu Bakr Muhammad ibn

Zakariya ar-Razi (865-925 d.C.) che fu il primo a stabilire che la pupilla si dilatava e si contraeva in funzione della quantità di luce che arrivava. La sua teoria era in netto contrasto con la teoria di Hunain per cui la pupilla si dilatava per effetto della pressione dello spirito visivo emergente dall'occhio.

La teoria della estromissione visiva fu definitivamente confutata da Abu Ali al Husain Ibn Sina (980-1037 d.C.), noto come Avicenna, probabilmente il filosofo islamico più influente nel campo della filosofia naturale.

Egli trattò la teoria della visione in parecchi libri, il più importante dei quali fu il *Kitab al-Shifa* (Il libro della guarigione), noto anche con il titolo latino *Sufficientia*. Altri libri come *Al Kitab al Najat* (Il libro della liberazione), *Al Magala fi 'l-Nafs* (Il compendio sull'anima), *Danishnama* (Il Libro della conoscenza), *Kitab al-Qanun fi 'l-Tibb* (Canone di Medicina) contengono varie altre informazioni sulla sua teoria della visione.

L'intero trattato sulla visione è contenuto nel libro VI (nella sezione sulla psicologia) del *Kitab al-Shifa*. Questa parte fu tradotta in latino nella seconda parte del XII secolo da Avendauth e da Domenico Gundissalimus sotto il titolo *De anima or liber sextus naturalium*. Il libro in latino è disponibile in un'edizione curata da Simone Van Riet con il titolo *Avicenna liber: Liber de anima seu sextus de naturalibus*.

Nel *De anima* Avicenna spiega che esistono tre teorie. La prima sostiene che c'è un'emissione del raggio luminoso dalla pupilla e che questi raggi raggiungono l'oggetto veduto secondo l'approccio seguito da Euclide, attraverso il cono visivo. Avicenna negava che esistesse il cono visivo come voleva Euclide. Infatti, secondo lui, se il potere percettivo fosse localizzato alla base del cono visivo e quindi la dimensione dell'oggetto fosse percepita per contatto e se la teoria estromissiva fosse stata vera, allora si sarebbe dovuto percepire la dimensione vera dell'oggetto veduto e quindi non si sarebbero potute applicare le leggi della prospettiva. In realtà Euclide non aveva mai fatto tali asserzioni e la differenza d'interpretazione tra Avicenna ed Euclide sta nel fatto che la teoria visiva di quest'ultimo era una teoria puramente matematica e non psicologica e fisica.

La seconda teoria era quella di Galeno che era anch'essa basata sull'emissione luminosa ma differente da quella euclidea.

Avicenna sottolineava che nella teoria galenica ciò che arrivava all'oggetto veduto non era tanto il raggio uscente dall'occhio quanto piuttosto l'aria circostante preventivamente trasformata dallo spirito visivo dell'osservatore. Nel rifiutare questa teoria egli argomenta che l'aria sarebbe potuta divenire uno strumento dell'occhio attraverso due diverse modalità: diventando un vero e proprio mezzo ottico e convertendo essa stessa in un organo di percezione. Nella prima proposizione la negazione è netta perché se l'aria fosse un organo visivo, basterebbe un disturbo dell'aria per produrre una distorsione visiva. Inoltre non varrebbero più a lungo le leggi della prospettiva perché l'aria, divenuta lo strumento di colui che vede, sarebbe stata a diretto contatto con l'oggetto visibile e quindi si sarebbe ricaduti nella prima delle sue ipotesi. Nella seconda proposizione, poi, se la luce fosse stata un corpo disperso attraverso l'aria e il cielo, allora sarebbe stato unito ai nostri occhi e ne sarebbe divenuto un loro strumento. In questo caso, però, non si vedrebbero le stelle, poiché la loro luce non avrebbe potuto attraversare il vuoto, che per Avicenna è il non esistente e che come tale non può avere pori attraverso i quali la luce possa passare. Inoltre l'aria e la luce non sono congiunti a un solo osservatore escludendo gli altri perché in tal caso solo un osservatore percepirebbe e non anche un altro.

Infine la terza teoria, quella di Aristotele, con cui Avicenna si dichiarava d'accordo. Ancora nel *De anima* egli definisce la sua posizione:

> Proprio come altri sensibili [piuttosto colore e luce] che non sono percepiti diventano qualcosa che si estende dai sensi a essi e li incontrano o si lega a essi o manda un messaggio a essi, così la visione non avviene perché un raggio fluisce in avanti per incontrare l'oggetto visibile, ma perché la forma della cosa vista diviene visibile, trasmessa da un mezzo trasparente (Van Riet).

Questo passo richiama l'equivalente che Aristotele descrive nel *De anima*:

> Il colore muove il mezzo trasparente [l'aria] e questo essendo continuo agisce sull'organo di senso (Van Riet).

Nel *Canone di Medicina* introduce anche una descrizione dell'anatomia oculare puntualizzando che il cristallino è l'organo principale della visione, ma dichiara che la reale spiegazione di come avviene la visione è un problema filosofico piuttosto che medico.

La distruzione della teoria visiva di Euclide e di Galeno ricuperava la dottrina aristotelica che rimaneva l'unica a poter essere utilizzata.

Questa fu rafforzata da Abu-l-Walid Muhammad ibn Rashid (1126-1198), noto all'Occidente come Averroè. Nel suo compendio *Parva et Naturalia* egli fece un conciso sommario della teoria della visione che ebbe una grande influenza nel Medioevo occidentale. La sua teoria aderiva totalmente a quella aristotelica, come egli dimostra nel commentario su *Averrois Cordubensis: Commentarium Magnum in Aristotelis De Anima Libros* (Crawford), in cui egli tratta del colore e della vista. In particolare discute sulle varie proposizioni contenute nel *De anima* di Aristotele sul concetto di trasparente che egli considera come:

> … ciò che non è visibile per se stesso, cioè dai colori naturali che stanno in lui, ma piuttosto è quello che è visibile per effetto di una non intenzionalità, cioè da un colore esterno. E quello che egli [Aristotele] dice è manifesto. E allora [il trasparente] riceve il colore in modo naturale poiché esso non ha un colore appropriato in se stesso. Il trasparente non solo non esiste né nell'acqua né nell'aria ma neppure nei corpi celesti (Crawford).

Le sue innovazioni stanno nella spiegazione di come il potere visivo si trasferisce dal cervello all'occhio e poi nel fare aderire il centro del sentire non al cuore come voleva Aristotele, ma oltre la retina. Quest'ultima innovazione risente dell'influsso di Galeno.

Averroè rifiuta la teoria della estromissione della visione perché questa implica che si possa vedere anche al buio. Il suo lavoro è importante perché identifica nella retina l'organo fotosensibile dell'occhio e non nel cristallino, come fino ad allora avevano pensato.

Oltre ai già citati libri sulla visione, la sua opera più importante è *Enciclopedia Medica* o *Kitab-al-Kullyat*, tradotta in latino con il titolo *Colliget*. Si tratta di un'epitome, cioè di un compendio, ciò che resta di un'opera estesa, una volta eliminate le parti di minore importanza. La necessità di fare un'epitome si sviluppò nel mondo antico per opere importanti ma troppo lunghe.

Mentre la maggior parte dei pensatori islamici tendeva a conciliare il pensiero di Aristotele con quello islamico, Averroè sosteneva il predominio della filosofia sulla religione e metteva in dubbio la sopravvivenza dell'anima sul corpo, per cui fu condannato sia dagli islamici sia dai cristiani.

Le dispute tra chi teorizzava una teoria intromissoria (la luce entra nell'occhio) oppure estromissoria (la luce esce dall'occhio) erano di ben poco conto rispetto alle dispute tra i filosofi naturali (fisici) e i matematici. I seguaci di Galeno e quelli di Aristotele avevano un orientamento contrario alla matematica di tipo euclideo e discutevano prevalentemente di anatomia oculare e fisiologia piuttosto che di eventuali processi fisici della radiazione luminosa. Questa dicotomia sarà superata da Alhacen che tenterà di integrare in una singola teoria della visione l'anatomia, la fisica e la matematica.

Ibn al Haytham (Alhacen)

Probabilmente attorno al 1011-1021 Ibn al Haytham (965-1039 d.C.) finì la sua maggiore opera *Kitab al Manazir* (Libro di ottica) (Mark A. Smith). Nel Duecento apparve in latino un trattato dal titolo *De aspectibus* attribuito a un certo Alhacen. Da studi successivi se ne dedusse che il libro fosse la libera traduzione del *Kitab al Manazir* e che fosse da riferirsi al lavoro di Ibn al Haytham indicato come Alhacen, Allacena, probabilmente come translitterazione del suo primo nome el-Hazan. A complicare la problematica risulta che il libro di Alhacen sia stato tradotto da differenti traduttori, uno dei quali fu Gerardo da Cremona (probabilmente tra il 1220 e il 1230), noto per essere stato il traduttore di opere di altri filosofi, come per esempio gli scritti scientifici del filosofo persiano al-Farabi (847-950 d.C.), raccolti nel *De scientiis* e nell'*Almagesto* di Tolomeo.

Recentemente alcuni autori arabi hanno ipotizzato che si sia fatta confusione tra Ibn al Haytham e Muhammad al Haytham. Sta di fatto che la versione latina non solo è poco aderente alla versione araba, ma in alcuni punti è addirittura antitetica. Se tutto questo è quello che emerge dai lavori più recenti è anche vero che tutti sono concordi nel considerare che i primi tre libri del *De Aspectibus* o *Perspectiva* sono cruciali per capire la teoria della visione di al Haythan.

Oggi noi sappiamo che, dei 180 lavori che egli scrisse, solo 60 sono sopravvissuti nella versione araba e tra questi il *Kitab al Manazir*, che è anche il più significativo.

Oltre a Gerardo da Cremona probabilmente altri tradussero il *Kitab al Manazir.* Almeno fino alla fine del 1572 vari autori lo citarono nella sua traduzione attuale e tra questi troviamo: Bartolomeo Angelico (1240) nel *De propietatibus rerum*, Roger Bacon (1265) in *Perspectiva*, Witelo (1275) in *Perspectiva* e John Pecham (1280) in *Perspectiva communis.*

Sicuramente il *De Aspectibus* fu modificato nel tempo anche per effetto di varie interpretazioni tanto che si trovano vari frammenti in diverse località. Tuttavia la maggiore diffusione l'ebbe quando fu incluso nel lavoro di Friedrich Risner (1572) *Opticae Tesaurus.* Confrontando il testo arabo con quello latino, le maggiori differenze si trovano nel primo capitolo del *De Aspectibus.* Poiché i vari capitoli sono suddivisi in modo arbitrario e i primi tre capitoli dell'originale arabo sono mancanti, il primo capitolo della traduzione non è il primo capitolo dell'originale arabo.

Nonostante le vicende legate alla traduzione, il *Kitab al Manazir* è un trattato estremamente importante per la teoria della visione. Esso si dipana in sette volumi. Il primo tratta dei fondamenti fisici della vista in termini di luce, colore e radiazione. Nello stesso libro ci sono anche elementi della struttura anatomica e della fisiologia dell'occhio e delle varie precondizioni necessarie per vedere. Il secondo libro spiega come la radiazione luminosa si trasformi in impressioni visive attraverso un complesso rapporto tra occhio e mente. Il terzo libro discute i modi in cui si può avere un errore percettivo, cioè quei casi in cui un oggetto è troppo brillante o troppo poco, troppo lontano o troppo vicino; oppure come le caratteristiche di trasparenza del mezzo possano influenzare la visione. I libri quattro, cinque e sei trattano invece dei principi fisici di base: la riflessione, la formazione delle immagini fino alla loro distorsione. Il settimo libro tratta dei fenomeni di rifrazione. In sostanza tratta della visione diretta, di quella riflessa, mediata da una superficie riflettente, e di quella rifratta, dovuta alla presenza di un mezzo con differente trasparenza.

Il lavoro fatto da al Haytham può essere suddiviso in varie parti, in base agli argomenti. Una prima parte sulle proprietà degli specchi parabolici e sferici, sulle lenti sferiche e sugli specchi ustori, argomenti contenuti nel *De speculis comburentibus*. Questo libro probabilmente risentì dei lavori del suo maestro Ibn Sahl che nel 984 scrisse *Sugli strumenti per bruciare*. Una seconda parte dedicata alla luce della Luna e delle stelle, con la domanda implicita se la loro luce fosse intrinseca o estrinseca. Una terza parte dedicata all'ottica di Tolomeo e al discorso sulla luce e tra questi vi fu anche il trattato sull'ottica, il già citato *Kitab al Manazir*. Una quarta parte dedicata alla rifrazione atmosferica e ai suoi effetti sui corpi celesti. Una quinta e ultima parte dedicata a fenomeni che coinvolgevano i raggi luminosi come l'arcobaleno, l'ombra e la forma dell'eclisse sia solare sia lunare.

Non è facile sapere dove il *Kitab al Manazir* si collochi cronologicamente, ma si può dire che le conoscenze di Ibn al Haytham erano così ampie che probabilmente egli scrisse altri testi prima di questo. In Fig. 5 si può vedere quale sia il grado di conoscenza di Alhacen sull'occhio.

Alhacen conosceva bene le teorie antecedenti della visione: da Euclide a Tolomeo, da Aristotele a Galeno. Tuttavia nella definizione della percezione visiva egli è particolarmente attento. Egli analizza in profondità tutti gli aspetti della fenomenologia della visione, dalla fisica all'anatomia e fisiologia, fino alle sensazioni legate alla percezione. Il suo processo analitico diventa un percorso scientifico che gli permetterà di definire una metodologia che influenzerà gli autori successivi.

Secondo Alhacen esistono otto precondizioni che stanno alla base della percezione visiva:

- Ci deve essere una separazione tra l'occhio e l'oggetto visto.
- L'oggetto deve essere di fronte all'occhio.
- L'oggetto deve avere una dimensione percettibile
- L'oggetto deve stare di fronte all'occhio tanto da essere percepito.
- Ci deve essere una qualche luce presente.
- L'oggetto deve avere un qualche livello di opacità.
- Ci deve essere un mezzo continuo e trasparente tra l'occhio e l'oggetto.
- L'occhio deve essere in grado di fornire le sue funzioni visive di base.

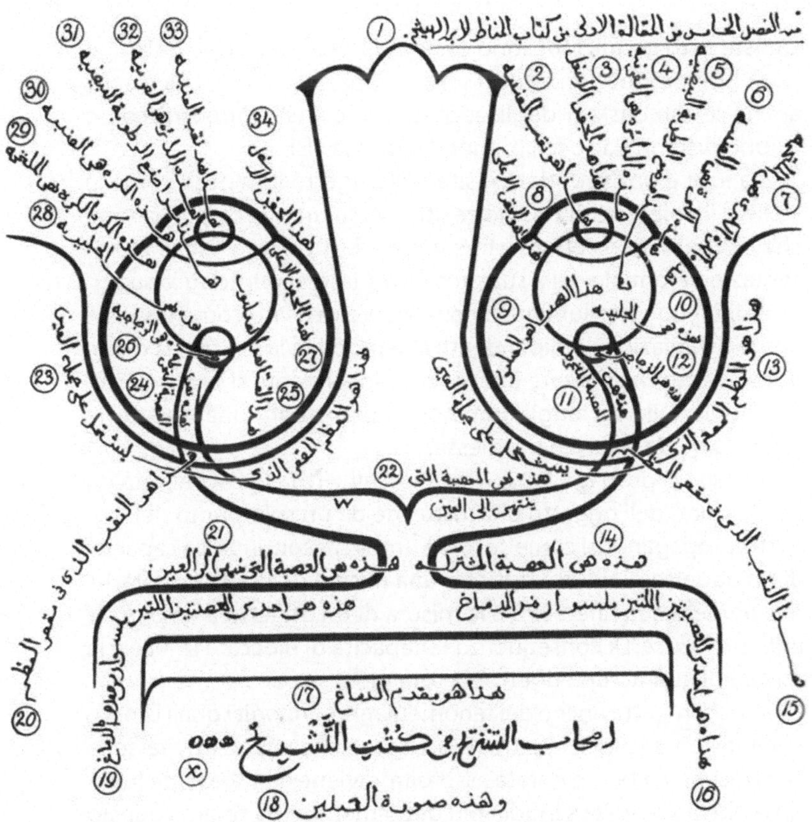

***Fig. 5.** Il libro "Kitab al Manazir" è in possesso della Libreria della Fede a Istanbul, Turchia. I numeri indicano la traduzione delle parole arabe: 1. dal primo capitolo del primo libro del "Libro d'ottica"; 2. e 33. questo è il foro dell'uvea; 3. e 34. questa è la palpebra inferiore; 4. questo cerchio è la cornea; 5. e 31. questo è il luogo dell'umore albuminoso; 6. e 30. questa sfera è l'uvea; 7. e 29. questa sfera grande è la congiuntiva; 8. questa è la palpebra superiore; 9. e 25. questa è l'aracnoide; 10. questa è la lente del cristallino; 11. e 24. questo è il nervo ottico; 12. e 26. questo è l'umor vitreo; 13. e 23. questa è l'orbita dell'occhio che include l'occhio vero e proprio; 14. questa è la zona di congiunzione dei nervi; 15. e 20. questo è il foramen ottico; 16. questo è uno dei due nervi che si originano dal cervello; 17. questa è la parte anteriore del cervello; 18. questa è la struttura di entrambi gli occhi; 19. questo è uno dei due nervi che sorgono dalla porzione anteriore dell'occhio; 20. simile al 15.; 21. questo è il nervo che termina nell'occhio; 22. come il 21.; 23. come il 13.; 24. come 11.; 25. come il 9.; 26. come il 12.; 27. come 8.; 28. questa è la lente del cristallino; 29. come il 7.; 30. come il 6.; 31. come il 5.; 32. questo cerchio è la cornea; 33. come il 2.; 34. come il 3 (Fonte Polyak)*

Queste otto condizioni sono essenziali perché troppa o troppo poca luce produca un effetto sulla visione, inficiandola. Non solo, anche le dimensioni degli oggetti, siano essi troppo piccoli o troppo distanti dall'occhio, impediscono la visione.

La luce è una proprietà insita nell'oggetto luminoso come le stelle e il Sole. Essa si trasmette attraverso un mezzo trasparente che è pronto ad accettare e trasmettere la luce, come una rappresentazione formale della sua presenza. Ciascun punto sulla superficie di un oggetto luminoso deve essere pensato come una sorgente di radiazione indipendente che propaga la sua forma ovunque il mezzo trasparente lo permetta. Idealmente si propaga sfericamente e il suo raggio luminoso rappresenta una traiettoria lungo la quale la luce è trasmessa.

La luce si propaga lungo linee radiali virtuali provenendo da alcuni punti dell'oggetto piuttosto che da un solo punto dell'oggetto, propagandosi come se fosse una sfera continua. La capacità di un oggetto di ridurre la luce è una misura della sua opacità. La misura della sua riflettività è la misura di un oggetto a rimandare indietro la luce. Di conseguenza la capacità di bloccare la luce è la misura di quanto un oggetto sia totalmente opaco.

Alhacen tratta anche dei fenomeni meteorologici quali la nebbia e di come la luce la attraversi. La luce che passa attraverso la nebbia, una volta che è stata assorbita, diviene una sorgente luminosa che a sua volta s'irradia più debolmente. Egli chiama questo fenomeno luce secondaria per distinguerlo dalla luce primaria che proviene dalla sorgente. Questo processo è lo stesso che si fa oggigiorno quando si vuole trattare la luce in un mezzo denso, come la nebbia, nella quale ci siano mezzi diffondenti come le goccioline che diventano diffusori secondari o multipli della luce primaria dovuta alla sorgente.

Per Alhacen il colore è un fenomeno naturale che accompagna l'opacità. Il colore si trasferisce, come la luce, attraverso il mezzo interposto tra l'occhio e l'oggetto visto. Tuttavia la sua capacità illuminante è molto più debole di quella della luce. Il colore non ha un effetto illuminante, come è evidente dalla nostra incapacità di vedere le cose nel nero dell'oscurità. Va subito chiarito che per gli antichi il nero era un colore. Il colore e la luce sono naturalmente miscelati, ma così come la luce permette al colore di brillare, il colore a sua volta fornisce alla luce una sorta di schermo, attraverso il quale la luce esercita il suo potere illuminante. La luce e il colore sono ontologicamente, ma non funzionalmente distinti. Il colore non si può manifestare senza la luce e dall'altra parte tutti i corpi fisici possiedono alcune opacità per virtù delle quali essi tingono la luce che li attraversa.

La trasparenza è l'opposto dell'opacità, cioè è la capacità di non bloccare la luce trasmessa. Alhacen considera sia la luce sia la trasparenza pure astrazioni teoriche. In questo contesto, sia l'aria sia certi cristalli o l'acqua non sono perfettamente trasparenti tanto è vero che la luce che passa attraverso l'acqua di un pozzo profondo produce un colore blu.

Alhacen tratta anche il problema di come il colore e la luce influiscano sulla vista in vari modi che dipendono dalle circostanze ambientali. Un'eccessiva brillanza della luce o del colore, per esempio, può provocare una caduta della funzionalità della vista, creando una post immagine che adombra l'effetto della luce o del colore che risultano appena percepibili dall'occhio. I colori forti, visti attraverso una luce debole, non sono percepibili dall'occhio e così anche la trasparenza di oggetti diafani. Una lucciola vista di giorno non appare luminosa.

Alhacen è un Aristotelico nel senso che fa suoi i concetti di potenza e atto. Difatti egli stabilisce che il colore è visibile solo con l'aggiunta della luce che gli dà il potere di replicarsi finché non diviene reale. L'occhio ha il potere di vedere, ma quel potere rimane irrealizzato finché l'occhio non è propriamente affetto da quelle forme di colore che l'illuminazione produce. Queste forme agiscono sul mezzo interposto per produrre la visione.

Tra Aristotele e Alhacen ci sono vari punti di contatto, quando per esempio concordano sul fatto che il colore è l'oggetto della visione ed è una proprietà dei corpi fisici. Inoltre concordano quando affermano che il colore non può essere visto senza la luce e che l'azione visiva inizia sulla superficie anteriore dell'occhio.

Alhacen, analogamente ad Aristotele e Galeno, conviene che ci sia un mezzo interposto tra occhio e oggetto visto. Come Tolomeo, egli pensa che i raggi siano delle entità virtuali che però possiedono delle proprietà dinamiche. Egli rifiuta la teoria della estromissione visiva perché la considera ridondante. Una volta che la luce colpisce l'oggetto, ritorna indietro all'occhio, e quindi è inutile pensare a un'azione dell'oggetto verso l'occhio. Un altro punto è lo stato della luce che, per Galeno e Aristotele, è un'entità mediatrice che rende l'aria tra l'occhio e l'oggetto parte della vista. Per Alhacen l'aria e l'acqua sono mezzi reali e, per loro natura, trasparenti e non c'è bisogno della luce per metterli in uno stato attivo. Allora la luce non è un mediatore della visione, essa produce la visione perché quello è il suo compito e, come aveva già indicato Tolomeo, mette in evidenza il colore.

Alhacen dà una grande importanza alla struttura dell'occhio che egli descrive secondo i canoni di Galeno. La struttura dell'occhio si diparte dal cervello dove si formano i due nervi ottici; la parte più interna sorge dalla pia madre che è una membrana sottile che aderisce alla superficie dell'asse nervoso. Questa membrana, che è la più interna, riveste i vasi destinati all'encefalo nella parte in cui penetrano nel tessuto nervoso e contribuisce a formare la barriera emato-encefalica. La parte esterna nasce dalla dura madre che è la parte più esterna e più spessa delle meningi (membrane che avvolgono l'encefalo e il midollo spinale). I nervi s'incontrano nel chiasma ottico, chiamato così dalla forma grafica della lettera greca $\varkappa$, che è la zona in cui s'incrociano e poi divergono, per raggiungere gli occhi nei quali entrano attraverso un foro aperto. I nervi poi si espandono verso l'esterno formando la tunica sclerale che racchiude il bulbo oculare. La parte trasparente di questa tunica forma la cornea. La parte più interna forma la tunica uveale che continua oltre la circonferenza creata dall'intersezione della sclera e della cornea. Rispetto a Galeno, Alhacen non menziona la retina. Egli colloca la sede della sensibilità visiva nel cristallino come Galeno, piuttosto che nella cornea come Tolomeo. Il dettaglio in cui si addentra Alhacen dimostra quale importanza egli annettesse all'anatomia dell'occhio, ma la vera novità di Alhacen è che il suo schema anatomico è funzionale alla necessità di validare la teoria della intromissione visiva, anche se nulla egli scrive sulla funzione del cervello nella visione.

Il modello visivo di Alhacen è basato sull'assunzione che quando ci sono le condizioni di trasparenza appropriate, la radiazione luminosa proveniente da ogni punto della superficie colorata s'irradia in ogni direzione. Come risultato di questo meccanismo la superficie della cornea è colpita da tutti gli angoli dalla radiazione. Ciascun punto della cornea è impressionato perché riceve la forma di ogni punto dell'oggetto osservato. Tuttavia solo quei raggi che raggiungono perpendicolarmente la cornea, la impressionano in modo adeguato. La fenomenologia è basata sulla dinamica dei raggi e sulla sensibilità della cornea mentre il cristallino, essendo un corpo rifrattivo, permette solo il passaggio dei raggi perpendicolari mentre gli altri sono deflessi. In tal modo sono filtrati tutti quei raggi che portano impressioni di tipo caotico, selezionando solo quelli che formano un cono di radiazione che ha il suo vertice al punto centrale dell'occhio e la sua base sulla superficie che irradia. La sua ricostruzione del cono visivo equivale a quello tolemaico ed euclideo. Una rappresentazione dell'oggetto visibile, punto per punto, si materializza come un mosaico di forme e di colore sulla superficie anteriore dell'occhio in modo che questi la possa estrarre. Questa forma costituisce l'immagine visiva che per effetto della geometria s'invertirà attraversando il vertice del cono visivo. In questo modo Alhacen dimostra di conoscere il processo della camera oscura, ma rendendosi conto che noi vediamo un'immagine che non è rovesciata, come avviene per la camera oscura, cerca di porvi rimedio sfruttando la presenza dell'interfaccia tra umor vitreo e la porzione anteriore del cristallino. Le sue assunzioni devono fare in modo che i raggi non si intersechino mai, in modo che le forme che si materializzano siano poste nella posizione corretta. Perciò utilizza tutte le sue conoscenze sull'ottica ipotizzando che l'umor vitreo è più refrattivo del cristallino, e poi che l'interfaccia ha una curvatura meno netta di quella della superficie anteriore della lente. Avendo così corretto la geometria di entrata dei raggi si dedica al trasferimento di questi al chiasma ottico dove le immagini di ogni occhio si fondono. Questo trasferimento avviene per effetto dello spirito visivo. A questo punto la forma risultante, unificata, è trasferita a un sensore finale la cui funzione di base è di fornire il senso percettivo. Non si può dimenticare che per Alhacen la selezione e la trasmissione delle forme visibili coinvolgono sia le funzioni fisiologiche sia quelle visive e fisiche. In realtà, appena questa struttura che si genera tra la forma e il colore viene a contatto con la superficie della cornea, quest'ultima sente dolore che generalmente non viene percepito. In alcune condizioni, per esempio guardando il Sole, il dolore può diventare acuto. In generale, questo dolore attiva lo spirito visivo che trasferisce, attraverso il complesso ottico, l'immagine visiva al cervello avvisando che si sta vedendo qualcosa. Senza la mediazione dello spirito visivo, le forme visibili non sarebbero incanalate nel sistema oculare che non sarebbe in grado di fornire la forma visibile al sensore finale.

Per Alhacen l'occhio sente solo la mescolanza tra la luce e il colore e non la loro tipologia. Inoltre egli distingue tra ventidue differenti caratteristiche che possiedono gli oggetti fisici. In primo luogo il colore e la luce, che sono visti in termini aristotelici e che costituiscono l'oggetto della visione. Le altre venti caratteristiche sono: la distanza, la disposizione spaziale, la corporeità, la forma, le dimensioni, la continuità e la discontinuità, il numero, il moto e il riposo, la rugosità e il grado di levigatezza, la trasparenza e l'opacità, l'ombra, l'oscurità, la bellezza e la bruttezza, la somiglianza e la differenza. Queste caratteristiche sono di natura emozionale e secondo Alhacen le vediamo solo in forma rappresentativa poiché non possiedono "forma" fisica, che è posseduta solo dalla luce e dal colore. Le qualità dell'oggetto visibile sono implicite e non esplicite e quindi devono essere dedotte attraverso la capacità di discriminazione che ci permette di distinguere tra le varie interazioni visibili.

Il processo di discriminazione è essenzialmente deduttivo e normalmente coinvolge processi comparativi e correlativi. Se prendiamo per esempio la trasparenza, questa per definizione è l'assenza dell'opacità. La nostra percezione della trasparenza è resa evidente dal fatto che quando vediamo un dato oggetto e lo percepiamo lontano da noi, deduciamo che l'aria, che sta tra noi e l'oggetto visto, è trasparente. Questo vale anche per le gemme, il cui colore le rende consistenti e visibili. La corporeità di un oggetto non è percepita in sé ma dedotta dal fatto che la luce e il colore si originano dalla superficie. Per esperienza sappiamo che le superfici hanno una forma, per cui quando le vediamo, automaticamente ne deduciamo la loro tangibilità.

Sebbene Alhacen sia conscio che tutti noi siamo abili a dedurre e discriminare, nondimeno alla nascita siamo una *tabula rasa*. Non conosciamo i colori, né le forme, per cui dobbiamo impararli attraverso ripetute esperienze in modo da trasferirli alla memoria o, per dirla con Alhacen, per metterli "in un posto segreto dell'anima". In tale modo le immagini sono soggette a essere richiamate quando si percepiscono, e quindi sono riconosciute.

Rispetto a Tolomeo, che asserisce che la distanza è sostanzialmente mediata dal raggio che proviene dall'oggetto esterno, Alhacen considera che le dimensioni dell'oggetto e la sua distanza sono strettamente collegati. Per lui la percezione della distanza di un oggetto dipende da tre fattori: l'estensione relativa della porzione del campo visivo occupato dall'oggetto; le dimensioni dell'angolo visivo che è sotteso da quella porzione; la distanza percepita tra occhio e oggetto. Nel rifiutare la teoria del raggio visivo, Alhacen deve seguire un ragionamento deduttivo per descrivere le dimensioni in funzione della distanza di un oggetto, piuttosto che perseguire il concetto di autoradiazione referenziale di Euclide e Tolomeo.

Se questi concetti sulle dimensioni in funzione della distanza dell'oggetto percepito sono la parte originale della teoria di Alhacen, assai meno sembrano quelli riguardanti l'estetica. In questo egli non si discosta dalla cultura greca, perché, per lui, ciò che crea bellezza è essenzialmente legato alla proporzione. Alhacen ignora i fattori psicologici o i fattori culturali che possono influenzare il giudizio estetico. Ciò che è nuovo in Alhacen è che per la prima volta egli introduce, nel contesto della teoria visiva, il concetto di analisi estetica.

Alhacen introduce anche il concetto di certificazione e percezione degli individui e dei tipi. Ogni volta che percepiamo un oggetto mediante la vista, lo percepiamo sulla base della totalità delle sue caratteristiche visibili. Solo in un secondo momento, si è in grado di isolare le sue caratteristiche individuali attraverso un processo analitico. Analogamente vale per un oggetto non familiare. Questo processo analitico è chiamato da Alhacen "determinazione accurata o certificazione", che risulta da un'osservazione visiva critica. L'accuratezza di tale osservazione dipende da parecchi fattori, il primo dei quali è l'accuratezza visiva. La radiazione che sta al di fuori dell'asse visivo perpendicolare all'occhio è più debole e quindi la visione è minore. Inoltre, poiché la visione è binoculare, essa è migliore finché l'oggetto osservato è intersecato dai due assi visivi e quindi un oggetto di fronte agli occhi è visto meglio. Tuttavia il fine ultimo della visione non è quello di determinare le caratteristiche visive delle cose, quanto quello di stabilire, attraverso le caratteristiche fisiche che le definiscono, che cosa siano quelle cose, nel modo più accurato possibile.

Alhacen spiega che il processo primario è quello di fare delle correlazioni tra le forme viste e quelle che sono nella nostra memoria. Per esempio se si vede per la prima volta un colore, questo è analizzato accuratamente per trovare se nella memoria esiste una controparte nozionale che si possa avvicinare. Per questo percepiamo meglio le cose conosciute che quelle sconosciute.

Come Tolomeo, Alhacen divide la scienza ottica in tre parti: ottica come studio della visione, catottrica come studio della visione attraverso la riflessione, diottrica che riguarda lo studio della rifrazione dei raggi.

Le illusioni ottiche dipendono dalla visione diretta che è definita da un certo numero di precondizioni. Solo se ciascuna di queste ricade in un intervallo appropriato, allora la percezione visiva è vera. Questo intervallo è definibile in questi termini: l'oggetto deve essere di dimensioni apprezzabili, sufficientemente opaco, deve essere a una distanza sufficiente dall'occhio, deve rimanere per un certo tempo, la luce deve essere giusta, l'ambiente sufficientemente chiaro, l'occhio in salute. Se, invece, una di queste condizioni cade, per esempio la luce è poca e l'ambiente è pervaso da foschia, allora l'oggetto non è percepito o malamente percepito.

La visione binoculare, poi, gli pone il problema del perché non vediamo doppio, ma una sola immagine. Alhacen esamina la doppia visione o diplopia. La sua spiegazione è che non vediamo doppio perché c'è una combinazione di fattori: prima di tutto l'effettiva definizione del campo visivo. Esso deve essere sufficientemente stretto, e tale da far sì che le forme degli oggetti visti occupino parti dell'occhio che siano così ravvicinate da non avere diplopia. Siccome tendiamo a vedere con continuità piuttosto che con discontinuità, ciascuno dei punti della forma dell'oggetto veduto che raggiunge la superficie della cornea è così vicino l'uno all'altro tanto da costituire parte di un continuo. D'altronde quando la forma di un oggetto è proiettata doppia nel chiasma ottico, le due immagini sono fuse insieme in modo disordinato e si ha una visione offuscata e indefinita. In aggiunta la naturale debolezza della visione laterale binoculare produce un oggetto indistinto. Finalmente la nostra naturale tendenza a scansionare il campo visivo piuttosto che a guardarlo nella sua interezza ci permette di avere una percezione unificante che supera l'effetto della diplopia. Alhacen riconosce che, quando l'oggetto è troppo vicino all'occhio, come quando si mette un dito sul naso, il dito appare doppio. In questo caso l'immagine è doppia perché l'oggetto è fuori dal fuoco dell'occhio.

Le illusioni visive avvengono a tre livelli: il primo coinvolge la distanza, le dimensioni, il tempo per il quale si vede l'oggetto; il secondo nasce dalla cattiva interpretazione dovuta alla luce ridotta; il terzo e ultimo coinvolge le deduzioni che si possono fare, per esempio se l'oggetto è troppo lontano e non lo si può ben caratterizzare.

La sua analisi richiama quella di Tolomeo, soprattutto nella concezione psicologica del riconoscimento, nella deduzione e nella sensazione emozionale, tuttavia se ne discosta per la sua meticolosa esaustività e per il modo in cui è organizzata.

Rispetto ad Aristotele l'approccio di Alhacen è più fenomenologico che teorico. Egli dimostra di non conoscere, in modo approfondito, i lavori di Aristotele, per cui fallisce quando cerca di articolare dei principi teorici. La sua conoscenza dell'anatomia è derivata da Galeno tanto che il *De Aspectibus* ne risente parecchio. Comunque Alhacen, seppur influenzato da Tolomeo e rifiutando la teoria del flusso visivo, introduce nuovi termini tra cui la radiazione fisica e il concetto di impressione visiva.

La scuola islamica influenzerà la cultura europea nel momento in cui i contatti tra cristiani e musulmani saranno più stretti: durante la conquista della Spagna e le varie scorribande in Sicilia nella prima parte del XII secolo. Le traduzioni dei loro libri in latino permisero di incorporare nella cultura latina il meglio della cultura islamica che divenne parte dello sviluppo culturale dell'Europa, in particolare in quel settore che viene comunemente chiamato la metafisica della luce.

L'ottica nel mondo occidentale

La visione nel Medioevo

Il vero fondatore dell'ottica occidentale può essere considerato Robert Grosseteste (1168-1253). Pur essendo considerato una figura di transizione, ebbe una grande influenza perché permise quel processo di assimilazione delle teorie greche e islamiche necessario allo sviluppo dell'ottica occidentale. Egli sicuramente conosceva sia gli scritti greci sia quelli arabi. Probabilmente studiò a Oxford e a Parigi e la ragione della sua grande influenza fu di essere associato all'ordine dei francescani inglesi che ebbe tra i suoi adepti Roger Bacon e John Pecham.

Le linee filosofiche di Grosseteste possono essere racchiuse in quattro proposizioni.

La prima riguarda la gnoseologia della luce o teoria della conoscenza della luce. Essa è di tipo platonico giacché i sensi servono a risvegliare in noi il ricordo delle idee, ossia di quelle forme universali con cui è stato plasmato il mondo e che ci permettono di conoscerlo. Conoscere significa dunque ricordare: la conoscenza è un processo di reminiscenza di un sapere che giace già all'interno della nostra anima, ed è perciò "innato". Anche la visione attraverso l'occhio è innata.

La seconda è collegata alla metafisica o alla narrazione della creazione, cosmogonia, che indica che la prima forma corporea è la luce e il mondo materiale non è che il prodotto di un'auto-propagazione di un punto primordiale di luce.

La terza è l'eziologia della luce, cioè lo studio della causalità del fenomeno luminoso. Tutte le azioni che producono qualcosa sul mondo materiale operano, in differenti ambiti, in analogia con la luce radiante secondo un rapporto di causa-effetto.

La quarta è la teologia della luce, cioè la disciplina che studia Dio, che impiega la luce come metafora per spiegare la verità teologica.

Nella prima proposizione si sente l'influenza di sant'Agostino, influenza che coprirà tutto il Medioevo. Grosseteste nel *De Veritate* elabora l'analogia tra fisica della luce e visione e processo d'illuminazione secondo il dettame che:

> ... nessuna verità è percepita eccetto la luce della vita suprema. Come un occhio malato non vede i corpi colorati, salvo che essi non siano illuminati dalla luce del Sole, così l'occhio malato della mente non percepisce la verità stessa, tranne che nella luce della verità suprema (Alistair et al.).

Quest'uso epistemologico della luce e dell'immagine, cioè questo processo filosofico che si occupa delle condizioni sotto le quali si può avere conoscenza scientifica e dei metodi per raggiungere tale conoscenza, è soltanto un aspetto della filosofia della luce di Grosseteste. Un secondo aspetto, ma più oscuro, è quello cosmogonico, in cui la luce è intimamente coinvolta nella creazione del mondo materiale (Lindberg).

L'origine si può trovare nella dottrina neo-platonica dell'emanazione sviluppata da Plotino (204 circa-270), il quale voleva spiegare tutta la realtà attraverso un unico principio, chiamato Uno, perché definito come ciò che non è molteplice. La sua metafisica è esposta nelle *Enneadi*, opera principale di Plotino e curata dal suo discepolo Porfirio, scritta in greco. L'Uno viene concepito come un Dio, con le dovute differenze che lo distinguono dal Dio delle religioni monoteistiche dove Dio crea dal nulla e liberamente. L'Uno, viceversa, è il fondamento necessario di tutto ciò che esiste. Plotino, per designare la relazione tra l'Uno e tutto ciò che esiste, utilizza un termine greco che può essere tradotto in due modi: emanazione, l'Uno emana il mondo; processione, il mondo procede dall'Uno. L'emanazione o processione è quel procedimento rispetto al quale l'Uno porta all'esistenza del mondo e spiega perché esso esiste. Nella sesta Ipostasi[1] Plotino scrive:

> In qual modo, allora, e che cosa dobbiamo pensare di Lui che è immobile? Splendore tutt'intorno diffuso che, emana, sì, da Lui, ma da Lui che se ne sta fermo, come, nel Sole, lo splendore che gli fa quasi un alone d'intorno: splendore che si rigenera, eternamente, da Lui, ch'è fermo. Del resto, tutti gli esseri, finché durano, dal fondo della loro essenza emanano, tutt'intorno a loro e al di fuori di loro, necessaria, una certa qual esistenza, collegata alla presenza della loro virtù operante ed è come una figura degli archetipi donde germogliò: il fuoco emana il suo interno calore; e la neve non nel suo interno solamente racchiude il freddo; ma una magnifica prova di quel che s'è detto la danno tutte le sostanze odorose: infatti, per tutta la loro durata, qualcosa vien fuori da loro, tutt'intorno, sì che dalla loro semplice esistenza il vicino trae godimento. Inoltre, tutti quanti gli esseri, giunti ormai a maturità, generano: ma ciò che è sempre perfetto, sempre e in eterno genera; e genera, s'intende, qualcosa d'inferiore al suo essere. Che cosa dovremo dire, allora, di Colui che è perfettissimo? Nulla può nascere da Lui se non quanto vi è di più grande dopo di Lui; ma il più grande, dopo di Lui, sì è lo Spirito e gli tien dietro come Secondo; vale a dire che lo Spirito ha la visione di Lui e ha bisogno di Lui, unicamente, mentre Egli non ha affatto bisogno dello Spirito. Ancora: ciò che viene generato da Uno che supera lo Spirito deve essere Spirito e lo Spirito alla sua volta supera tutte le cose poiché le altre cose vengono dopo di Lui. Così ancora, l'Anima è il Pensiero dello Spirito ed è, in certo senso, la sua attività, proprio come lo Spirito è pensiero e attività che si riferisce all'Uno (Cilento).

---

[1] In Plotino e nella filosofia neoplatonica l'ipostasi sta per la generazione gerarchica delle diverse dimensioni della realtà appartenenti alla stessa sostanza divina. Nelle *Enneadi* Plotino afferma che le ipostasi sono le tre sostanze principali del mondo intelligibile, e cioè gerarchicamente: l'Uno, l'Intelletto, che procede dall'Uno, e l'Anima, che procede a sua volta dall'Intelletto.

L'Uno ha emanato il mondo, non l'ha creato. Plotino spiega il concetto di emanazione usando due metafore: il Sole emana luce e calore, la rosa emana profumo; dal Sole proviene il calore, dalla rosa proviene il profumo. Questi esempi però non ci danno l'idea giusta di emanazione: il Sole e la rosa, prima o poi, si esauriscono. Per Plotino, invece, il soggetto emanante è così pieno d'essere che la sua capacità di emanare non diminuisce mai, non è minimamente modificato o alterato.

Grosseteste dà un'interpretazione opposta e propone una visione in cui Dio crea un punto di luce primordiale, che è la corporeità. La luce è per sua natura autodiffondente e quindi questo punto si estende in tutte le direzioni dando luogo al mondo materiale.

La scrittura di Plotino è estremamente concisa e densa, a volte logica e analitica, altre volte estatica, mistica e ritmata, quasi fosse un canto. In alcuni tratti l'esposizione raggiunge livelli lirici notevoli, particolarmente suggestivi. Spesso il filosofo parla per immagini, per allegorie o per simboli, con una grande attenzione ai miti e alla religiosità classica.

Questa tecnica, nell'antichità, era finalizzata a favorire la comprensione profonda dei testi con contenuti complessi. La lettura delle *Enneadi*, complicata e impegnativa nel contenuto ed ermetica nell'esposizione, presuppone capacità di concentrazione e la conoscenza della filosofia antica e della mitologia greca. Tuttavia, attraverso la descrizione di Plotino, si capisce che il firmamento viene generato per effetto del ritorno della luce verso il centro dell'universo, producendo le sfere celesti e le infinite varietà del mondo terrestre.

Per Grosseteste, partendo da queste premesse, l'ottica diventa il fondamento della filosofia naturale perché egli riconosce che lo studio della luce permette di comprendere le origini e la struttura dell'universo materiale. Lo studio della luce rivela anche come la natura lavora e come si generano gli effetti dalle cause.

Il terzo punto della teoria di Grosseteste tratta di come la luce viene emanata da un corpo luminoso. La potenza e i raggi luminosi si originano dal Sole, ma anche tutte le sostanze semplici emanano potenza e raggi che propagano il loro potere verso i corpi circostanti, e questa propagazione spiega le relazioni tra causa ed effetto. Studiare l'ottica significa conoscere la propagazione della luce, le linee, gli angoli e le figure che si formano permettendo di capire la natura. La sua filosofia della luce serve per esprimere verità morali e teologiche. L'essenza divina è la luce nella sua più perfetta espressione di chiarezza che illumina con la sua pienezza ogni mente.

Oltre al misticismo che pervade il suo lavoro, il grande merito di Grosseteste è stato quello di porre la centralità della luce e dell'ottica. In una società come quella medioevale, altamente pervasa dalla spiritualità e dalla teologia, il lavoro di Grosseteste, rinnovando l'interesse verso l'ottica, permette quella continuità necessaria a mantenere vivo un interesse per l'ottica che invece sarebbe potuto cadere nell'oblio. I suoi lavori, a iniziare dal *De lineis, angulis et figuris*, poi il *De iride*, il *De colore* e il *De natura locorum*, richiamano il concetto di estromissione visiva della tradizione platonica. Di suo, Grosseteste aggiunge il concetto di radiazione proveniente da corpi brillanti. La radiazione deve essere concepita come una luce esterna, che si unisce con la radiazione visiva per formare un mezzo che è capace di far tornare le impressioni all'anima. In nessun modo queste fenomenologie sono da ricondursi al concetto di emanazione dall'oggetto osservato.

La sua filosofia sposa totalmente le posizioni di Platone, secondo il quale la visione può essere sia attiva sia passiva, ma cerca di conciliare anche le varie teorie. L'occhio deve ricevere le forme del corpo naturale, come volevano i filosofi della natura e la teoria dell'estromissione visiva di Euclide. Il suo lavoro, in un periodo di transizione come quello medioevale, apre la via al processo di assimilazione della cultura greca e araba. Bacon, Pecham e Witelo saranno i principali artefici dello sviluppo dell'ottica medioevale, formando quella corrente nota come *Prospettivismo*.

La teoria visiva nel Medioevo: Roger Bacon e i Prospettivisti

Il processo di assimilazione della cultura greca e islamica produsse un gran fiorire di studi sull'ottica. L'antesignano di questo processo era stato Grosseteste, ma certamente Roger Bacon (Ruggero Bacone 1214-1294) ebbe un ruolo centrale. Questi fu influenzato dagli studi di Alhacen e cercò di conciliare gli studi sull'ottica di Aristotele con quelli di Alhacen.

In questo non era isolato, anche altri studiosi furono anticipatori. Tra questi, Alberto Magno (1206-1280), un domenicano. Alberto Magno studiò prima a Padova, poi a Parigi e nel 1248 a Colonia dove ebbe, tra i suoi studenti, Tommaso d'Aquino. Nei suoi lavori *De Homine, Meteora, De Anima, De sensu et sensato*, fino ai trattati sugli animali *De animalibus* e *Questiones de animalibus*, egli tentò di sviluppare una teoria della visione. Il suo lavoro negava quella di Platone, Euclide e Al-Kindi e si avvicinava a quella di Alhacen poiché sosteneva che il potere visivo risiedeva nell'umore cristallino e che la visione avveniva attraverso una figura conica la cui base era sull'oggetto visibile, mentre l'apice era nell'occhio. Non appaia sorprendente questo rifiuto delle teorie platoniche, gli interessi dei domenicani erano assai lontani dall'approccio neo-platonico.

Alberto Magno fu il primo filosofo del Medioevo a difendere le teorie di Aristotele sulla visione permettendo quella transizione tra il pensiero platonico e quello aristotelico, arricchito dall'influenza di tipo islamico, soprattutto di Alhacen, che fu necessaria a far progredire la ricerca sulla visione e sulla percezione.

L'importanza degli scritti di Alhacen sul XIII secolo fu tale che nacque una scuola chiamata prospettivista, basata sul *De aspectibus*. I fondatori furono: Roger Bacon con *Perspectiva*, che formava parte del suo *Opus Majus*, e con *De multiplication specierum*; Witelo con il suo *Perspectiva* e John Pecham con il suo *Perspectiva communis*. Essi fornirono una visione critica del pensiero di Alhacen che si diffuse dal Medioevo fino al Rinascimento.

Roger Bacon fu la figura centrale di questo movimento. Come Grosseteste, Bacon era convinto che l'ottica fornisse una finestra per vedere il lavoro di Dio. La completa comprensione della visione e della fisica della luce era un passo necessario verso la comprensione della visione spirituale e dell'illuminazione divina. Per raggiungere questo traguardo era necessario superare l'approccio di Alhacen che era semplicistico, mancando delle necessarie implicazioni fisiche e metafisiche.

Il punto di partenza di Roger Bacon stava nell'elaborazione di una fisica della luce. Secondo lui tutte le entità fisiche nell'universo sono legate assieme attraverso una rete di forze. Esse irradiavano la loro influenza all'esterno sotto forma di "specie", che – egli puntualizzava – erano il primo naturale effetto di ogni agente. Ciascuna entità, che era ricettiva a tale influenza, era trasformata da essa.

La "specie" rappresentava una caratteristica che non era un'emanazione materiale, ma piuttosto una somiglianza dell'oggetto agente. Il ricevente era soggetto a un potere passivo, l'agente esercitava un potere attivo. La luminosità, Lux, era un potere attivo che si mostrava attraverso il Lumen, che rappresentava la capacità di esprimere se stesso attraverso le proprie caratteristiche. I corpi trasparenti avevano la capacità di accettare e trasmettere queste caratteristiche. Il processo di trasmissione coinvolgeva un processo di moltiplicazione così che ciascun punto di luminosità su una superficie luminosa replicava se stesso come fa un Lumen in ciascuna parte del mezzo trasparente adiacente a se stesso. Come risultato si aveva un sottile strato di Lumen nel mezzo che stava attorno al punto originale di luminosità. Ciascun punto del Lumen, all'interno di questo strato, replicava se stesso nella parte adiacente del mezzo, creando un altro strato di Lumen e così via. Il risultato era una sfera di propagazione che poteva essere suddivisa in linee lungo le quali la "specie" si moltiplicava punto per punto attraverso il mezzo, in un continuo divenire che passava da potenziale a reale. Durante questo passaggio la "specie" agiva come elemento efficiente, mentre il mezzo forniva il materiale per sostenere questo passaggio. Di conseguenza Bacon concepiva, come Alhacen, ogni superficie visibile come se fosse stata fatta da un mosaico di colori che illuminava ciascun punto il quale propagava la propria caratteristica, moltiplicandosi in qualsiasi direzione lo permettesse il mezzo trasparente. L'occhio accettava solo quella "specie" che lo colpiva perpendicolarmente. In tal modo selezionava solo la rappresentazione puntuale dell'oggetto che l'aveva generato che, a sua volta, veniva incanalato nel giusto ordine attraverso il complesso ottico. Il suo passaggio era sostenuto dallo spirito visivo che pervadeva l'occhio e i nervi fino a raggiungere il chiasma ottico dove era localizzato ciò che rendeva percepibile l'oggetto visto.

La percezione avveniva a tre livelli: quello più basso era la sensazione bruta che era limitata dalla luce e dal colore. La vera percezione, il livello intermedio, avveniva attraverso la conoscenza a priori o per mezzo della deduzione. Il terzo livello permetteva di distinguere e determinare le ventidue caratteristiche che definivano gli oggetti visibili secondo le intenzioni di Alhacen.

L'essenza della teoria della visione di Bacon era tutta derivata da quella di Alhacen. La visione era definita dalla radiazione che entrava nell'occhio dell'osservatore attraverso un cono la cui base era sull'oggetto visto e il vertice al centro della curvatura della cornea. I raggi provenienti dall'oggetto cadevano perpendicolarmente alla superficie del cristallino attraversandolo senza rifrangersi, diretti verso un apice al centro dell'occhio. Prima di raggiungere quest'apice i raggi erano rifratti dalla superficie posteriore del cristallino e discendevano verso l'umor vitreo e il nervo ottico, attraverso il chiasma ottico. Come Alhacen, Bacon ipotizza che la visione richiedesse, per prima cosa, la separazione tra oggetto e l'occhio, poi che ci fosse della luce, inoltre che l'oggetto avesse una grandezza tale da entrare nel cono visivo.

Altre condizioni necessarie erano la trasparenza del mezzo e la densità dell'oggetto visibile, oltre che la salute dell'occhio. Ogni riferimento ai processi fisici coinvolti con la visione era mutuato da Alhacen, mentre l'anatomia oculare era quella di Alhacen, Avicenna e Costantino l'Africano da cui egli traeva la descrizione dell'occhio, che era di tipo sferico con superfici concentriche. La Fig. 6 mostra la rappresentazione dell'occhio come disegnato da Roger Bacon.

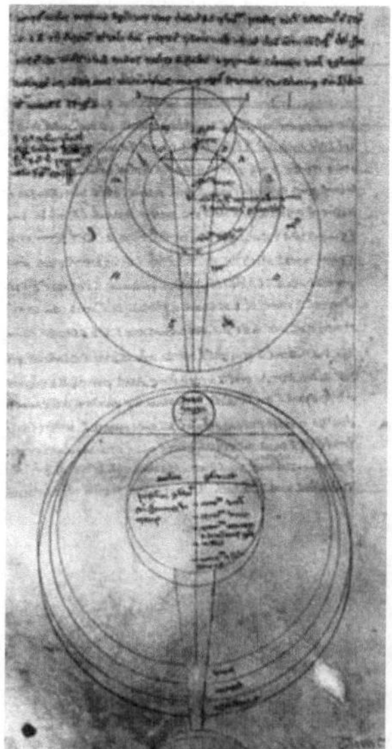
a

Fig. 6. *Schema del percorso della luce attraverso l'occhio secondo Roger Bacon. La figura* ***b*** *è stata rielaborata da Linderberg sulla base del trattato "Perspectiva", da cui è tratta l'immagine di figura* ***a*** *(British Library, ms Royal 7 F. VIII, f.54v)*

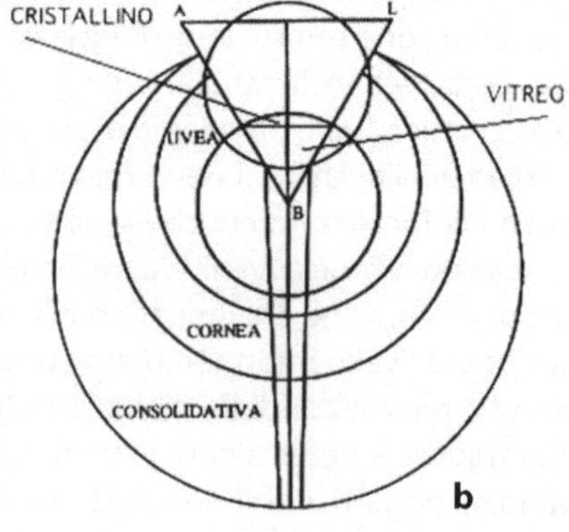

b

Guardando la Fig. 6b si vedono i raggi ortogonali alla cornea e quelli obliqui AB e LB. Solo i raggi ortogonali permettono la vista. Bacon riprende Alhazen affermando che le azioni luminose che avvengono nel senso ortogonale hanno una forza maggiore. Così come una luce più forte esclude l'azione di una debole, allo stesso modo il raggio ortogonale agisce in maniera più incisiva annullando l'effetto dei raggi che provengono obliqui all'occhio. Inoltre, affinché tali raggi non vadano ad annullarsi in un unico punto, il centro della cornea, essi subiscono una rifrazione nella parte posteriore dell'umore glaciale e vengono deviati e diretti al nervo ottico.

Anche per ciò che riguardava le malattie Bacon segue Alhacen. Bacon era profondamente convinto dell'unità di tutte le conoscenze umane per effetto della loro derivazione dalla sorgente divina.

> La conoscenza visiva non ha validità assoluta in quanto non coglie mai l'essenza delle cose, ma solo i suoi effetti: risulta così subordinata all'attività razionale dell'anima che illuminata dalla luce divina riesce ad analizzare oltre i dati sensibili e a cogliere le verità sostanziali di tutte le cose sia spirituali sia sensibili (Bridges).

Questa visione era profondamente radicata nel Medioevo poiché le maggiori scuole di pensiero erano largamente complementari. Tuttavia, occupandosi di parecchie cose insieme, talvolta erano anche in conflitto tra di loro.

Il grande merito di Bacon fu di estrarre, dalle varie scuole, quelle teorie che meglio si adattavano alla teoria della visione, innanzi tutto definendo la natura fisica della visione, basata sul concetto di radiazione che, secondo la teoria aristotelica, modificava la trasparenza del mezzo a causa della presenza del corpo luminoso.

Per Bacon, Lumen, idolo, fantasia, simulacro, forma, intenzione, similitudine, ombra, virtù, impressione e *pathos* sono dei sinonimi della parola "specie".

Bacon introduce nella teoria di Alhacen alcune variazioni terminologiche, per esempio rimpiazzando la parola "forma" con "specie". Per Alhacen la forma è sinonimo di "similitudine" e ciò che vediamo di un certo oggetto è la rappresentazione di quell'oggetto. Questa rappresentazione, tuttavia, è in funzione della luce e del colore irradiato da quell'oggetto verso l'occhio. In secondo luogo è una rappresentazione delle caratteristiche visibili che definiscono le qualità fisiche di un oggetto, dalla distanza alle sue dimensioni. In terzo luogo è una rappresentazione in accordo all'identità dell'oggetto, cioè in relazione a quanto l'individuo ha già conosciuto. In quarto luogo è in relazione al genere, per esempio genere umano, animale, etc. Il problema che ha Bacon è come mettere tutto questo insieme, cioè come metterlo in una forma comprensibile.

Se nel pensiero di Alhacen, anche se non esplicitamente, la forma è una rappresentazione delle categorie che hanno in comune alcune caratteristiche, in Bacon la "specie" era simile alla forma di Alhacen, ma con alcune differenze cruciali. Per Bacon la "specie" è l'effetto incompleto prodotto da un agente naturale. L'agente agisce secondo le leggi dell'ottica geometrica e cioè secondo l'incedere rettilineo, la riflessione, la rifrazione oppure secondo un'azione incidentale e non sostanziale voluta da Dio. L'incidentalità è un'azione indiretta e mediata che è incapace di una conversione totale ed è assai meno forte di quella sostanziale, oppure avviene attraverso il principio della natura sostanziale dell'anima umana. Questo principio serve a giustificare l'atto conoscitivo della visione che richiede l'intervento dell'anima e non è un atto generato dalla natura, ma da Dio. Bacon introduce anche la regola della moltiplicazione della virtù agente che non segue le leggi della natura e dovendo penetrare nei nervi visivi non segue l'incedere rettilineo.

Per meglio interpretare la sua teoria prendiamo come esempio la legna che arde. Quando il fuoco prevale sulla legna in modo da corrompere completamente la natura della legna, ciò che si genera è detto fuoco e non "specie" e diviene carbone e fiamma. In tal senso differiscono la "specie" fuoco e il fuoco: la prima è incompleta e la seconda ha un effetto completo. Quindi la "specie" presuppone che, da una parte, abbia un'attività e dall'altra un substrato più o meno adatto a ricevere ed essere modificato. La "specie" non è strettamente legata alla mera espressione delle cose, come era per la forma di Alhacen, ma la travalica incorporando anche altri attributi. Per esempio gli oggetti visibili incorporano anche altri attributi che non sono essenziali alla loro natura, come il colore, la forma fisica, oppure la loro essenza naturale, vegetale, umana o animale. Il che significa che se un oggetto ha degli attributi al di fuori di se stesso, questi devono essere incorporati e quindi la "specie" dipende da quanto è stato incorporato. Per esempio quando una "specie" si moltiplica attraverso un mezzo trasparente, allora essa incorpora anche la luminosità colorata della superficie dell'oggetto che la lente cristallina assorbe per esprimere la visibilità della superficie di quella "specie".

La seconda differenza è legata all'intenzionalità, una nozione derivata da Avicenna, che esiste solo potenzialmente finché non si realizza. Per Bacon ogni "specie" esiste intenzionalmente, cioè a livello di pura potenzialità che si realizza solo quando diviene oggetto. Per esempio, quando le caratteristiche visibili della specie sono incorporate in modo appropriato, la "specie" vista sarà uguale all'oggetto veduto attraverso i suoi attributi fisici.

Con quest'approccio filosofico, Bacon lega la percezione al concetto di mente più strettamente di quanto aveva fatto Alhacen e fonda i concetti di quella che egli chiama *Perspectiva*. Essa non è altro che la scienza sperimentale della natura fondata sulla vista, il primo e privilegiato senso che testimonia, attesta e certifica tutto ciò che avviene nel mondo, sulla terra e nel cielo (Lindberg).

I vari stadi della percezione potevano quindi essere interpretati in termini intenzionali e sulla base della capacità astrattiva della mente. In tal modo, quando i raggi colpiscono il cristallino, si ha l'idea della "specie visiva". Mentre, invece, per il senso comune e per l'immaginazione si ha l'idea della "specie sensibile", che rappresenta il grado percettivo e interpretativo dei sensi. Il cervello fornisce l'idea della "specie intellegibile". Ciascuna "specie" a sua volta stabilisce un proprio senso interno che opera per realizzare la conoscenza per il successivo livello d'intenzionalità. L'intero processo, dalla vista alla conoscenza, segue una sequenza di astrazioni, attraverso la quale la "specie" si arricchisce di nuove informazioni. Inoltre ciascuna "specie", durante questa sequenza, produce una replica dell'oggetto veduto assicurando, per ogni stadio, che permanga una corrispondenza fondamentale tra l'oggetto reale e la nostra impressione di esso.

Da questo punto di vista la teoria prospettivista non fornisce altro che un paradigma scientifico, del tipo induzione-deduzione. Tale posizione filosofica ebbe una notevole attrazione tra i pensatori della filosofia scolastica, il cui carattere fondamentale consisteva nell'illustrare e difendere le verità di fede con l'uso della ragione.

Le teorie di Bacon avranno una grande influenza sul tardo Medioevo attraverso i lavori di due francescani: John Pecham e Witelo, che adottarono il linguaggio di "specie" e della moltiplicazione della "specie" non solo per descrivere la radiazione, ma anche per descrivere le manifestazioni visibili degli oggetti.

Il lavoro di entrambi non solo trova spunto e origine dal lavoro di Bacon, ma diffonde le teorie di Alhacen. Grazie all'invenzione della stampa, le loro opere furono note prima ancora dei lavori di Alhacen e di Bacon, il cui lavoro fu passato alle stampe addirittura nel 1614.

La biografia di John Pecham (1240-1292) è scarsamente documentata, ma sappiamo che fu reggente di teologia a Parigi e lettore nello studio francescano di quella città. Aveva studiato scienze a Oxford verso la fine del decennio successivo, ed era poi entrato nell'ordine francescano, recandosi a Parigi per gli studi teologici. Erazmus Ciolek Witelo (1230-1314) era matematico e fisico originario della Slesia (che allora faceva parte della Polonia), studiò a Parigi intorno al 1250 e poi diritto canonico a Padova (1262-1268). Scrisse l'importante opera di ottica *Perspectivorum libri*, relativa alla diffrazione e ad altri fenomeni fisici della luce.

L'ottica era ormai matura al punto da essere incorporata nei curricula universitari, diventando parte integrale della tradizione occidentale fino alla teoria retinica di Keplero. La loro influenza fu così grande che ci fu un rinnovato interesse per gli studi di Euclide e Grosseteste, tanto da produrre la nascita di un dibattito che si estese a tutte le discipline dello scibile umano.

Fu grazie a Henry di Langenstein (1325-1397) che i fondamenti dell'ottica acquistarono una certa sistematicità anche se non completa. Nel *Questiones super perspectivam* Henry tratta dell'impostazione della teoria visiva, ipotizzando che la luce si moltiplichi per mezzo di raggi che devono essere concepiti non come linee, ma come pennelli o coni di radiazione.

La dottrina filosofica era basata sulla teoria degli agenti naturali che si moltiplicavano radialmente. Questi agenti agivano attraverso qualità strumentali o intenzionali inviate a chi le apprende e vede. Nel caso della luce, l'agente naturale era la stessa luce, come qualità luminosa del corpo brillante, e il Lumen era la qualità strumentale o, per dirla con Bacon, era la "specie" che emerge, attraverso la quale la luce era in grado di agire sulla visione.

La geometria della visione era poi affrontata da Henry attraverso varie domande. La prima era il paradosso che un corpo luminoso di una fiamma di una candela potesse apparire più largo da lontano che da vicino. Secondo Henry una spiegazione di questo fatto stava nella rifrazione che avveniva nell'occhio dell'osservatore. Difatti non tutti i raggi potevano raggiungere l'occhio attraverso un cono luminoso, avente l'occhio come cuspide. Alcuni raggi tagliavano il cono luminoso e raggiungevano l'occhio ai suoi bordi. In tal caso, per effetto della rifrazione, il raggio era nuovamente indirizzato verso l'occhio come se arrivasse dal di fuori del cono. Questa era la ragione per cui l'oggetto appariva più largo di quanto effettivamente fosse. Purtroppo, nella sua opera, manca un accenno alla distanza tra oggetto e occhio, distanza che avrebbe determinato le dimensioni prospettiche dell'oggetto. Henry osserva che c'era un cammino attraverso il quale la radiazione raggiungeva l'occhio. Dato che era ormai assodato che l'occhio avesse una certa curvatura, secondo Henry il cammino dei raggi perpendicolari alla cornea era differente dal cammino dei raggi che provenivano lateralmente, pur raggiungendo il centro dell'occhio. La struttura dell'occhio produceva una rifrazione che era legata al passaggio della luce dall'umore cristallino al cristallino creando un incrocio tra i raggi luminosi. In tal modo Henry negava uno dei capisaldi della tradizione prospettivista da Alhacen in avanti, che voleva evitare, a ogni costo, che ci fosse l'inversione dei raggi e la loro intersezione. La ragione principale della loro negazione era che l'immagine non doveva rovesciarsi, per cui non ci poteva essere intersezione dei raggi nell'umor vitreo. Questo, invece, era il luogo in cui, secondo Henry, era situato il potere visivo. Henry introdusse anche la psicologia della percezione ipotizzando che i differenti colori e la luce fossero dei mediatori attraverso i quali erano percepiti la forma, le dimensioni, il numero e il moto. Queste caratteristiche passavano dall'esterno all'interno attraverso gli organi di senso visivo, per effetto moltiplicativo e per effetto del loro moto, attraverso le cavità nervose che contengono gli spiriti che fluiscono continuamente dal cervello, in avanti e all'indietro, trasportando i "simulacri delle cose sensibili". Questa ipotesi assomiglia alla versione idrodinamica di Galeno ed è una curiosa modificazione della teoria prospettivista.

Anche Blasius di Parma (1345-1416) (Biagio Pelacani) asseriva che la visione avveniva nell'umore cristallino piuttosto che nel chiasma ottico. In questo seguiva John Pecham, considerato il maestro dei Prospettivisti. Blasius ipotizza che la teoria della visione fosse costruita sull'idea del cono di radiazione che consisteva in raggi perpendicolari all'occhio, e questo comportava che la visione avvenisse nell'umore glaciale e non nel cristallino come per Henry.

Sia Henry sia Blasius avevano accettato che la visione avvenisse per effetto dell'intromissione dei raggi secondo la tradizione dei Prospettivisti. Tuttavia il loro lavoro non va visto come se fosse una difesa o una spiegazione della teoria prospettivista, quanto piuttosto un tentativo di investigare questa teoria.

Alla fine del XIII secolo ci fu un fiorire d'interessi sull'ottica, e altri filosofi si cimentarono sul tema. La filosofia naturale di Aristotele divenne il cuore dell'attività scientifica delle scuole di ottica. Tre libri furono alla base dello studio dell'ottica: il *Meteorologica*, il *De Anima* e il *De sensu*. Essi divennero i libri di riferimento della fisica, della ontologia e della psicologia.

Tra coloro che si occuparono della relazione tra luce e colore vi fu Giovanni Buridano (John Buridan) (1320-1358) che nel suo libro *Questiones breves super librum de anima* indagò se l'illuminazione esterna, il Lumen, fosse necessaria per vedere i colori. Egli concluse che era necessaria per vedere i colori perché questi sono frequentemente troppo deboli perché influenzino il mezzo interposto tra l'oggetto veduto e la vista. Il Lumen e il colore sono alla base della visione e servono a impressionare le caratteristiche degli oggetti in modo che siano visibili. Tale sinergia può essere spiegata attraverso l'effetto che si ha quando due candele permettono di vedere laddove una sola non è sufficiente. Buridan tratta anche delle relazioni che esistono tra Lux, Lumen e colore. Il Lumen è la "specie" del Lux, la sua immagine o rappresentazione nel mezzo. Il Lux è visto attraverso il Lumen, è la sua "specie", proprio come il colore è visto attraverso la "specie" del colore. Il Lux e il colore esistono perché sono caratteristiche del lucido e del colore dei corpi, e si muovono con essi. Per contrasto il Lumen non è legato al mezzo trasparente e non deve la sua esistenza alla sua presenza. Il Lux e il colore sono il primo oggetto della visione, mentre il Lumen e le caratteristiche del colore sono puramente degli agenti attraverso i quali questi sono percepiti.

Buridan trattò anche del problema dell'estromissione luminosa dall'occhio. Tuttavia ne dedusse che, poiché un oggetto che sta nell'occhio o vicino a esso non è visto bene, la luminosità è esterna all'occhio perché, se fosse interna all'occhio, l'osservatore vedrebbe sempre l'oggetto.

Il concetto di "specie" viene anche utilizzato da Nicole Oresme (1323-1382) per spiegare come i raggi raggiungono l'occhio. La sua spiegazione su come i raggi luminosi dell'arcobaleno sono visti dall'occhio dimostra qual è il suo pensiero. Difatti non è il raggio emesso dall'occhio che permette la visione, ma viceversa è un raggio di luce e di colore, con forma piramidale, che è emesso dall'oggetto visibile che raggiunge l'occhio. In questo egli continua la tradizione di Alhacen, Bacon e Witelo.

L'importanza che la teoria della luce e l'ottica assumono è tale che alla fine del XIII secolo vengono incorporate in altre discipline, per esempio nella teologia.

Il più importante teologo del tempo fu Guglielmo di Ockham (1280-1349), francescano, che studiò a Oxford. Il suo nome è legato al principio di economia noto come il "rasoio di Ockham". Il principio stabilisce che la spiegazione di ogni fenomeno dovrebbe essere fatta sulla base delle minori assunzioni fatte, eliminando quelle che non determinano alcuna differenza sulla spiegazione o sulla teoria. Il principio non è connesso con la semplicità o complessità di una buona spiegazione, quanto piuttosto è riferito a una spiegazione che sia libera dagli elementi che non hanno niente a che fare con il fenomeno che si vuole spiegare.

Per quello che riguarda la vista e in particolare la conoscenza visiva, il suo lavoro sulla cognizione intuitiva rappresentò un passaggio fondamentale. La cognizione intuitiva ci permette di conoscere con certezza non solo gli oggetti, ma anche se esistono o no, laddove la cognizione astratta non fornisce alcuna conoscenza che riguarda l'esistenza delle cose. Questo vale anche per i concetti astratti come la carità o la tristezza.

La visione si produce attraverso tre effetti:

- l'oggetto visibile impressiona l'occhio secondo un processo che può irritare o calmare l'occhio stesso;
- l'oggetto imprime nell'occhio una sua qualità che permane per un certo periodo di tempo;

- l'oggetto è la causa dell'azione della visione solo se è opportunamente disposto.

Questi concetti, secondo Ockham, possono essere applicati all'illuminazione che avviene tra Sole e Terra o alla luce della Luna che passa attraverso la finestra. In entrambi i casi il mezzo interposto non s'illumina. Ockham non utilizza il concetto di "specie" e, sebbene un oggetto visibile propaghi le sue qualità attraverso il mezzo che attraversa, queste qualità non sono responsabili della percezione visiva, che invece avviene per effetto di un atto cognitivo intuitivo o astratto. I concetti di Ockham, in particolare il "rasoio di Ockham", andarono oltre le semplici considerazioni limitate al tempo in cui furono enunciate, ma pervasero la scienza moderna, dalla teoria probabilistica fino all'odierna Intelligenza Artificiale.

In conclusione il tardo Medioevo mette a fuoco le teorie precedenti ma, seppure ancora in modo confuso, getta comunque i germi di quelle che saranno le basi della prospettiva rinascimentale.

L'ontologia della radiazione diventa il punto nodale della questione sulla visione. La teologia e la filosofia danno luogo a nuove teorie cognitive che spiegano le relazioni tra Lux e Lumen, tra sensazione e cognizione. Rimangono ancora parecchie cose da spiegare: se i raggi siano reali e la luce e il colore appartengano alla stessa "specie", e soprattutto non è ancora chiara quale sia la geometria e la fisiologia della visione.

Il Rinascimento e la rappresentazione visiva

Durante il Rinascimento le teorie filosofiche sulla visione sviluppate nel Medioevo si traducono in esperienza e si raffinano sempre di più. La tradizione teorica del Medioevo sarà alla base dell'empirismo rinascimentale e aprirà la strada allo sviluppo scientifico del Seicento.

Gli artisti e gli anatomisti del Rinascimento analizzano e soprattutto applicano le teorie visive in modo originale e creativo. La scienza e l'arte si combinano per creare un nuovo modo di rappresentare il mondo circostante: il quadro diviene la finestra attraverso cui guardare.

La prima rottura avviene nella pittura con Giotto (1266-1337) che per la prima volta tenta la prospettiva. Il rapporto tra lo spazio visivo e la sua rappresentazione su una superficie bidimensionale assume una dimensione diversa introducendo quei concetti prospettici funzionali a chi guarda l'opera. Non solo si agisce attraverso l'intuizione, ma si codificano le regole matematiche attraverso le quali si può disegnare. Antonio Manetti nel libro *Vita del Brunelleschi* scrive:

> ... mise in atto, lui proprio, quello che i dipintori oggi dicono prospettiva perché ella è parte di quella scienza, che è in effetto porre bene e con ragione le dimensioni e accrescimenti che appaiono agli occhi degli uomini delle cose da lungi e da presso di quella misura che si appartiene a quella distanza che le si mostrano di lungi.

Come dice il titolo, questo libro tratta del lavoro effettuato da Filippo Brunelleschi (1377-1466), considerato il primo che codificò l'uso dello specchio nella rappresentazione prospettica. Dal libro di Manetti veniamo a sapere che Brunelleschi aveva dipinto due pannelli, uno concernente il Battistero in Piazza del Duomo di Firenze e l'altro relativo alla Piazza della Signoria, utilizzando questa tecnica.

Il dipinto con la veduta del Battistero aveva una forma quadrata con lato di circa 29 cm e raffigurava una composizione pittorica del Battistero di Firenze con la sinistra e la destra invertite come se fossero riflesse in uno specchio. La superficie sopra gli edifici era ricoperta da un sottile foglio di carta argentata per riflettere il cielo. Il dipinto aveva un foro in corrispondenza di quello che era considerato il punto in cui le linee parallele sembravano convergere, il punto di fuga. Il foro era svasato dalla parte del dipinto e più piccolo dalla parte opposta. L'osservatore poggiava il suo occhio su questa parte del foro e guardava il dipinto riflesso da uno specchio che era messo di fronte e parallelo al dipinto stesso. Lo specchio era posto a una distanza tale da contenere tutta l'immagine del dipinto per cui quanto più grande era lo specchio più questo era vicino e viceversa se lo specchio era piccolo. L'esperimento consentiva di stabilire un rapporto costante tra l'immagine dipinta e quella riflessa nello specchio, da cui l'artista poteva derivare una sorta d'intelaiatura prospettica. Oggi è possibile vedere la riproduzione della tavoletta prospettica di Brunelleschi, riprodotta da Filippo Camerota, al Museo della Storia della Scienza di Firenze, così come è riportata in Fig. 7.

Fig. 7. *Ricostruzione della tavoletta prospettica del Brunelleschi fatta dal Museo di Storia delle Scienze di Firenze. La descrizione della tecnica è contenuta nel libro di Elena Capretti "Brunelleschi": "L'osservatore poggiava l'occhio a tergo per guardare l'immagine del dipinto riflessa su di uno specchio tenuto di fronte e parallelo rispetto al piano di legno a una distanza tale da contenere per intero tutta la composizione. Si stabiliva così un rapporto proporzionale costante fra l'immagine sulla tavoletta e quella riflessa sullo specchio da cui l'artista poteva derivare una sorta d'intelaiatura prospettica". (Foto cortesemente fornita da Paolo Galluzzi)*

Tutti gli studi del Brunelleschi erano volti a creare un metodo prospettico che avallasse la centralità umana nell'universo. In questo modo egli metteva in pratica la visione nella sua prospettiva unica e monoculare. Lo specchio gli serviva per dimostrare la precisione e la matematica della visione prospettica. La sua impostazione si discostava da quella tradizionale binoculare del Medioevo che permetteva di vedere in un sol colpo d'occhio un ambiente semicircolare, ma con una veduta d'insieme fuggevole e momentanea. La visione prospettica del Brunelleschi, invece, induce a ritrovare l'equilibrio e l'armonia perché è basata sul senso compiuto della perfezione.

Leon Battista Alberti (1404-1472) nel trattato *Della Pittura*, dedicato a Brunelleschi, presenta la prima descrizione della prospettiva lineare. Il suo è un approccio in termini geometrici. Alberti stabilisce che l'immagine delle perpendicolari al quadro possiede un punto di convergenza che è unico. Esso è la riduzione grafica di segmenti uguali e paralleli al quadro man mano che si allontanano dal quadro stesso, fino a raggiungere una distanza "quasi perfino in infinito". Questa costruzione è mutuata dal cono visivo, in questo caso trasformato in piramide visiva, di Euclide e Tolomeo o, se vogliamo, da Alhacen.

Alberti conosce molto bene le basi ottiche di questa tecnica e le descrive nel primo libro *Della Pittura*. Descrive il cono visivo che si forma al centro dell'occhio come costituito da raggi che colpiscono la forma esterna degli oggetti, e come questi raggi determinino come appaiono le dimensioni di questi oggetti. Il raggio mediano di questo cono visivo capta i colori dell'oggetto e li fa convergere verso l'occhio. Il raggio centrale del cono visivo è più forte ed è quello attraverso il quale gli oggetti sono visti più chiaramente ed è l'ultimo ad abbandonare la cosa vista. Per Alberti non è di alcun interesse sapere se il raggio proviene dall'occhio o dall'oggetto e neppure se la visione si formi sulla superficie dell'occhio o nel chiasma ottico. Per Alberti la prospettiva prevede l'uso del cono visivo che richiede l'uso della geometria e non della fisiologia o della fisica della visione.

Con Piero della Francesca (1420-1492) la prospettiva assume anche un rigore matematico. Piero è più noto come pittore che non come matematico. Tuttavia la sua opera maggiore, il *De prospettiva pingendi*, è considerata un trattato matematico poiché per la prima volta si coniugano le regole del disegno con quelle della prospettiva attraverso un procedimento matematico. Piero della Francesca fu anche autore di *Trattato d'abaco* e di *Libellus de quinque corporibus regularibus* in cui tratta della geometria tridimensionale. Il *Libellus* fu incorporato da Luca Pacioli nel *De divina proportione* che per questa ragione fu accusato dal Vasari di plagio. Possiamo considerare Piero della Francesca come il primo artista che divenne scienziato dando origine a quella che fu la rivoluzione scientifica degli anni a seguire (Castadini e Ghione, Nicco Fasola, Field).

Con Leonardo da Vinci (1452-1519) la teoria della visione ebbe un grande impulso (Ronchi a). La sua dinamica artistica poggiava le fondamenta sulla sua profonda conoscenza del corpo umano, ma egli spaziava nella matematica, acustica, meccanica, storia naturale, geografia, fisica, pittura e naturalmente ottica.

Due dei suoi manoscritti trattano di ottica. Il *Trattato della pittura* racchiude tutte le sue conoscenze di artista sul rapporto che esiste tra la luce e l'ombra e su come è possibile renderlo in pittura. Anche Leonardo utilizza la teoria della piramide radiante. Gli oggetti inviano le loro caratteristiche in tutte le direzioni, attorno al mezzo trasparente, convergendo mediante linee dritte a formare delle piramidi con base sull'oggetto e apice in ogni punto del mezzo. In tal modo ogni corpo riempie l'aria circostante con la sua immagine e allo stesso tempo l'aria è in grado di ricevere le caratteristiche del tutto e, contemporaneamente, parte del tutto.

Un esempio della piramide radiante è rappresentato dalla Fig. 8.

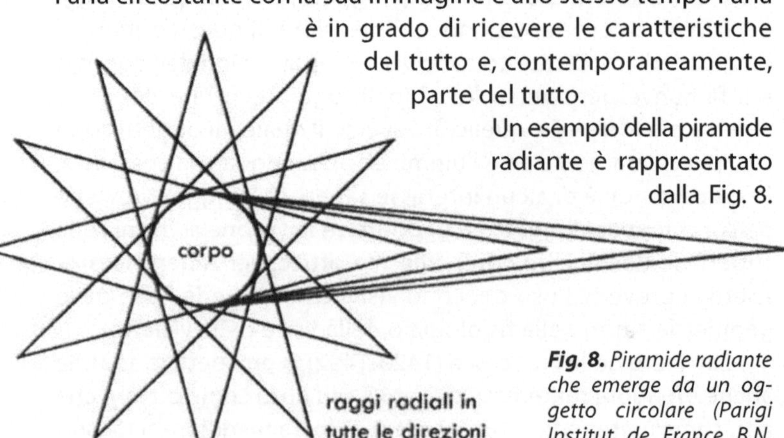

Fig. 8. *Piramide radiante che emerge da un oggetto circolare (Parigi Institut de France B.N. 2038 f.6v, ms A86v)*

Per Leonardo l'occhio era la finestra dell'anima e per questa ragione egli lo considerava così importante da scrivere il trattato *Sull'occhio*. Ciascun punto della pupilla vede l'intero oggetto e ciascun punto dell'oggetto è visto dall'intera pupilla. Ogni punto è la terminazione di un numero infinito di linee che divergono per formare una base. Laddove c'è un piccolo angolo luminoso c'è meno luce perché la piramide che sottende quest'angolo ha una base più piccola e quindi un minore numero di raggi luminosi convergono sull'occhio. Questa piramide radiante diventa l'elemento che permette la visione.

Leonardo sembra accettare la teoria dell'intromissione visiva (Ronchi b) e, in più di un'occasione, è contro la teoria dell'emissione visiva, confutando anche quei concetti che volevano che ci fossero alcuni animali che avevano la capacità di vedere nel buio. Secondo Leonardo questi animali erano capaci di captare anche una minima luce aiutati dal diametro delle loro pupille assai più largo di quello umano. È interessante notare come Leonardo abbia un approccio meccanicistico alla radiazione luminosa, concepita come un'onda che si propaga e raggiunge l'occhio. Inoltre egli asserisce che le immagini procedono in forma circolare da un oggetto, pur non facendo alcuna analogia tra le immagini e il moto ondoso. La sua teoria della visione è nel solco tracciato da Alhacen, Witelo, Bacon e Pecham.

Leonardo credeva che la vista fosse governata da un principio geometrico. La sua piramide visiva non poteva terminare su di un punto singolo, ma su un'area definita, localizzata in una posizione indefinita. Con questi concetti egli spiegava vari fenomeni come per esempio perché la cruna di un ago posto di fronte all'occhio non impedisca di vedere gli oggetti che stanno oltre l'ago stesso.

Leonardo diede un importante contributo allo studio dell'ottica quando capì che l'occhio e la sua pupilla si comportano come una macchina fotografica invertendo l'immagine vista. Tuttavia, non volendo accettare l'inversione dell'oggetto che era veduto, egli inventò un secondo punto d'intersezione dentro l'occhio, punto dal quale l'immagine dell'oggetto si raddrizzava.

Uno degli schemi adottati da Leonardo era basato sul concetto che l'oggetto visto mandava la sua immagine alla cornea. Poi entrava attraverso la pupilla con un'intersezione a X passando lungo il cristallino e penetrando questo fino alla parte posteriore, quasi in forma di tronco di cono, procedendo attraverso un'ulteriore intersezione e terminando sulla parte anteriore del nervo ottico. Una volta che era trasmessa attraverso l'occhio, raggiungeva l'area del ventricolo laterale del cervello dove egli pensava che risiedesse l'anima, che permetteva, alla fine, di avere quei giudizi necessari a valutare l'oggetto veduto. Un esempio è dato in Fig. 9.

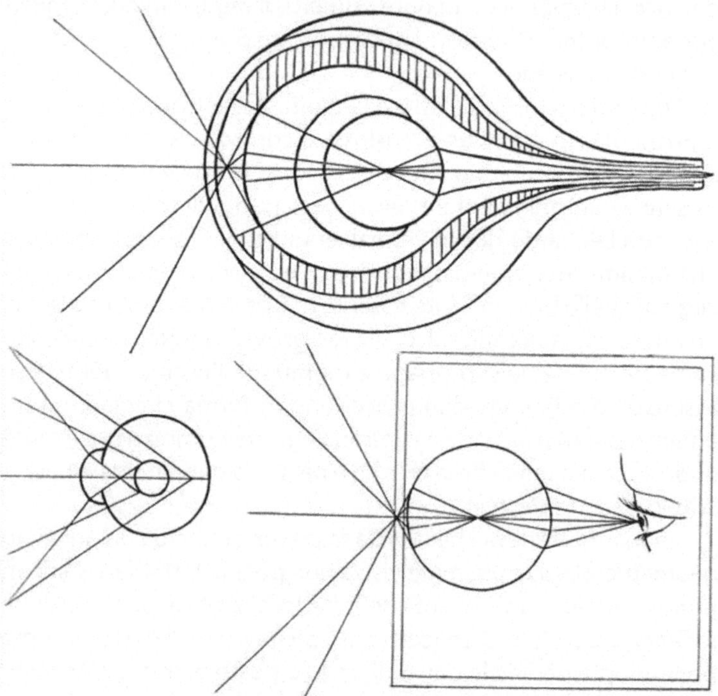

Fig. 9. *Tre esempi di tentativo di illustrare la formazione dell'immagine nell'occhio tratti dal "Codice Atlantico", v 3, folio 628 e 663*

Egli aveva anche notato che la pupilla, passando da un locale luminoso a uno quasi buio, variava le sue dimensioni. Essendosi occupato anche di visione periferica e centrale, probabilmente fu il primo a scrivere della visione stereoscopica.

Leonardo, ispirato probabilmente dai lavori di Alhacen, sapeva che esistevano certi errori della vista. Uno di questi, per esempio, era quello dovuto alla visione di moti molto rapidi che produceva uno sdoppiamento dell'immagine. Oggetti luminosi in rapido movimento producevano anche una scia luminosa.

La sua capacità a osservare lo portò a esaminare vari fenomeni tra cui quelli atmosferici. Le sue osservazioni lo portarono a dire che il fumo prodotto da alberi vecchi e secchi appariva blu, mentre il fumo prodotto da alberi verdi e giovani era grigio. Le sue osservazioni giunsero a raccomandare come produrre la tinta migliore per dipingere la luce solare che doveva attraversare una colonna di fumo, passando dal nero al blu in base allo spessore del fumo stesso (Pedretti).

Facendo delle osservazioni da un picco sulle Alpi, egli asserì che il colore blu che si vedeva nell'atmosfera non era un colore intrinseco, ma era causato dal vapore caldo che stava evaporando, e salendo in quota questo blu tendeva a decrescere.

Sebbene Leonardo fosse considerato un anatomista esperto, la sua anatomia dell'occhio era oltremodo primitiva. Egli credeva che l'occhio consistesse di due sfere concentriche come si vede dalla Fig. 10.

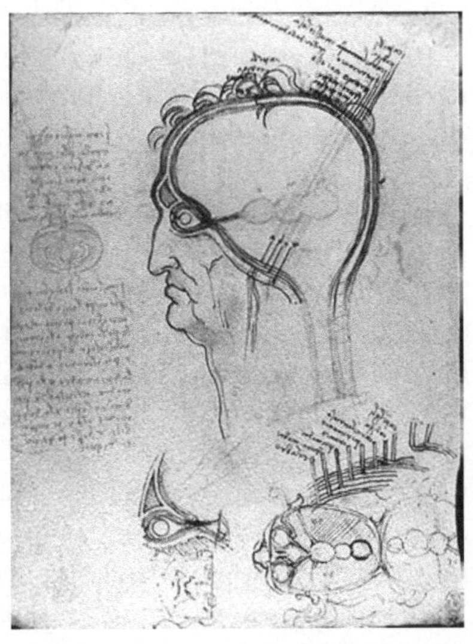

Fig. 10. *Studio anatomico dell'occhio e dei nervi ottici di Leonardo da Vinci (Royal Academy Windsor)*

Secondo Leonardo, l'occhio è composto di due sfere concentriche: la più esterna è l'albuminosa, mentre la più interna è il vitreo o sfera cristallina. La prima sfera è circondata dall'uvea eccetto che nella parte posteriore dove la pupilla si apre verso la cornea. Nella parte posteriore dell'occhio, in asse con la pupilla, c'è l'apertura verso il nervo ottico, sebbene in un'occasione Leonardo scriva della possibilità che il nervo ottico possa penetrare nell'albuminoso e addirittura penetrare un po' nella sfera del cristallino.

Quella esterna era una sfera albuminosa, mentre quella più interna era una sfera cristallina; dietro all'occhio, all'opposto della pupilla, c'era il nervo ottico. Questo schema che differiva da quello prospettivista, così come da quello moderno, confondeva l'umore cristallino con quello vitreo. Egli pensava che l'umore albuminoso circondasse l'umore cristallino da tutte le parti, mentre piazzava l'umore cristallino al centro dell'occhio che egli considerava sferico e non lenticolare.

Un altro contributo di Leonardo fu di comparare l'occhio alla camera oscura. Il suo sperimentalismo lo portò a costruire due sfere concentriche piene d'acqua. Alla base di queste sfere fece un'apertura che simulava la pupilla e permetteva l'entrata della luce. La sfera esterna fu tagliata alla sommità di modo che egli potesse introdurre la testa fino alle orecchie. Poi egli guardava verso la sfera concentrica in modo da vedere come uno strumento, come quello che egli aveva costruito, trasformasse la visione dell'oggetto che egli stava guardando. Tale artificio gli permetteva di simulare l'effetto che produce l'occhio quando guarda. Tuttavia egli nulla scrive sulla retina come luogo al quale è inviata l'immagine.

La teoria visiva di Leonardo deve molto alle tradizioni ed è lacunosa per ciò che riguarda la formazione delle immagini per effetto della riflessione e rifrazione. Anche se le sue conoscenze anatomiche sono primitive, pure rispetto alla tradizione medievale, la sua descrizione come quella della pupilla come camera oscura è una grande intuizione.

Durante il Rinascimento gli studi sull'anatomia umana ebbero un grande sviluppo. Probabilmente ciò fu dovuto a vari fattori, innanzi tutto a una migliore educazione medica, poi all'accesso a testi di medicina originali come quello di Galeno.

Va inoltre detto che l'invenzione della stampa diede un notevole impulso perché permise di produrre testi e disegni anatomici che consentirono di confrontare meglio le scoperte che si stavano facendo sull'anatomia degli organi di visione.

Il trattato sull'anatomia di Mondino dei Liuzzi (1270-1326) divenne famoso e, pur non avendo alcuna originalità, fu un trattato completo che racchiudeva in un'unica sintesi sistemica il lavoro sull'anatomia umana di Ippocrate, Galeno e altri anatomisti. L'anatomia dell'occhio di Mondino dei Liuzzi descriveva l'occhio come costituito da sette tuniche e tre umori.

Nell'occhio vi sono VII tuniche e tre umori. Troverai le tuniche sezionando l'occhio con cautela e completamente in due parti, cioè (con un taglio mediano) anteriore-posteriore; nella parte anteriore vi sono quattro tuniche, tre delle quali si continuano e corrispondono a tre dell'interno, perché per una di esse, cioè la cornea, nessuna si continua in profondità ovvero internamente. Così la prima (tunica) è dunque la cornea, che si chiama cornea perché è simile al corno nella composizione e nel colore, poiché è trasparente; (essa) fu (fatta) trasparente per (la percezione del) colore, affinché non sia di nessun colore per non impedire la percezione di tutti i colori. Fu anche (fatta) di sostanza solida dato che è vicinissima alle cose esterne. La seconda (tunica) è la congiuntiva, che come la cornea è all'esterno, che congiunge, vela e copre tutto l'occhio. Nella parte posteriore o interna c'è poi la terza tunica detta sclerotica, (che è) in continuazione con essa [congiuntiva] e che circonda tutto l'occhio all'interno. Dopo, sotto la congiuntiva (e) nella parte anteriore, c'è l'uvea, detta così perché è simile alla buccia intermedia di un granello di uva nera; nella parte centrale di questa, in corrispondenza della cornea, c'è un'apertura che si chiama pupilla, fatta affinché l'immagine visibile possa arrivare fino al cristallino e non sia impedita dall'oscurità dell'uvea. La ragione per cui l'occhio non è (lasciato) completamente scoperto da questa tunica uvea è triplice. Una (ragione) è che lo spirito visivo è rafforzato da questa (uvea), con il suo colore verde, rossastro o azzurro, dato che (questi) sono intermedi tra i colori estremi. La seconda ragione è che, se essa non ci fosse, lo spirito visivo sarebbe troppo suddiviso e attenuato dalla luce esterna; perciò, affinché (lo spirito visivo) stia condensato in un luogo in direzione della lente cristallina, c'è questa tunica che ha un'apertura che si chiama pupilla; per questo capita che questa apertura sia dilatata dalla natura o da qualche altra cosa che impedisce la vista, ed è più impedita che se fosse ristretta dalla natura. La terza ragione è che ogni immagine di una cosa che si vede arriva agli occhi in una forma piramidale, la cui base è la cosa fissata o vista e il suo apice è l'occhio, ovvero il suo angolo (al vertice) è nel cristallino; per questa bisogna che quest'apertura (della pupilla) sia stretta. Questa tunica è detta uvea anche perché contiene l'umore uveo prodotto per inumidire l'occhio e per essere il mezzo interno che riceve le immagini; siccome un mezzo tale non può essere se non di acqua o di aria dall'ambiente, e (poiché) l'aria non può essere contenuta qui, per questo qui non c'è aria ma acqua. Dato poi che lo spiritus visivo dell'aria corre là dall'ambiente e questo umore è contenuto nell'uvea per impedire al cristallino di venire a contatto con l'aria esterna e per tenere la cornea lontana dal cristallino ed anche per tenere dilatata l'apertura della pupilla, per questo (l'umore) esce dall'apertura dell'uvea e fa gonfiare la cornea. E così ti appare la quarta tunica che si chiama uvea, mentre questa nella parte posteriore o interna dell'occhio è la quinta tunica che si chiama (però) secondina, perché è la seconda dopo la sclerotica, oppure perché è simile alla secondina. Dopo di queste c'è la tunica aranea che circonda il cristallino (anche) nella parte anteriore, (e) con cui è in continuazione la tunica retina nella parte posteriore; in mezzo a queste è contenuto l'umore vitreo, e in mezzo a questo c'è l'umore cristallino, rotondo ovvero di forma sferica, con una zona piana nella parte anteriore; questo umore è (disposto) più verso la parte anteriore che l'umore vitreo in cui è collocato. Perciò questo umore è fatto per contenere il cristallino e per nutrirlo.

Mondino chiarisce che l'umore cristallino è piatto e che è piazzato di fronte all'occhio, in ciò differendo notevolmente dalla descrizione fatta da Hunain quattrocento anni prima. Mondino tenta anche una spiegazione del processo fisico della visione che raggiunge l'occhio attraverso una proiezione piramidale, la cui base è data dall'oggetto stesso e il cui apice è nel cristallino dove c'è la sede del potere visivo.

Per Mondino l'apertura nell'uvea aveva lo scopo di permettere alle caratteristiche dell'oggetto di raggiungere l'umore cristallino, mentre il suo colore era in grado di influenzare l'umore cristallino. Le caratteristiche delle cose poi passavano attraverso i nervi ottici. È interessante notare che lo schema ottico di Mondino dei Liuzzi durò altri due secoli.

Nel Cinquecento Andrea Vesalius (1514-1564) diede finalmente una piena descrizione anatomica dell'occhio. Il suo *De humani corporis fabrica* fornisce una descrizione così dettagliata dell'occhio che dimostra di avere una conoscenza assai approfondita dell'anatomia oculare. La sua descrizione introduce due innovazioni: la descrizione del corpo ciliare e il fatto che i nervi ottici siano solidi piuttosto che cavi. Non tratta in alcun modo il processo visivo che dichiara di non conoscere. La Fig. 11 dimostra quale fosse il livello di conoscenza di Vesalius.

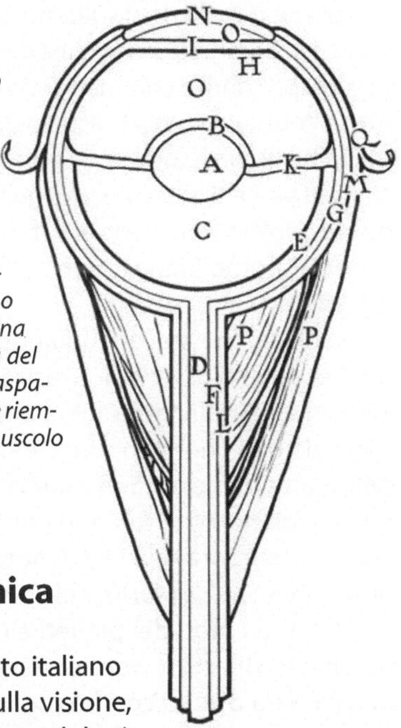

Fig. 11. *Sezione longitudinale attraverso il globo oculare, il nervo ottico dalla prima edizione del "De corporibus humani fabrica": A: umore cristallino; B: copertura anteriore della capsula lenticolare; C: umore vitreo; D: nervo ottico; E: retina; F: guaina del nervo ottico; G: porzione posteriore dell'uvea; H: porzione anteriore dell'uvea o iris; I: pupilla; K: fascia ciliare; L: guaina rigida del nervo ottico; M: tunica rigida del globo oculare o sclera; N: porzione trasparente della cornea; O: umore acqueo che riempie la camera anteriore o posteriore; P: muscolo estrinseco dell'occhio; Q: congiuntiva*

Keplero e la teoria retinica

La grande scuola del Rinascimento italiano influenzerà gli studi successivi sulla visione, in modo particolare l'approccio metodologico degli artisti rinascimentali diventerà il primo approccio sperimentale alla visione e, non solo, servirà anche come modello agli esperimenti fisici che seguiranno.

Giovanni Keplero (Joannes Kepler) (1571-1630) nacque a Weil (Württemberg), nel sud della Germania. La sua intelligenza gli valse una borsa di studio dai duchi di Württemberg per studiare all'università di Tübingen, dove è ammesso nel 1589. Quest'università era stata fondata per formare la futura classe dirigente protestante. Vi s'insegnava la teologia, il latino, la musica, la matematica e, come completamento a quest'ultima disciplina, la geometria e l'astronomia. Il giovane Keplero ha come professore uno dei migliori astronomi del suo tempo, Michael Maestlin, che accetta il sistema copernicano che mette il Sole al centro dell'orbita dei pianeti, ivi compresa la Terra. Keplero è inizialmente avviato alla carriera ecclesiastica quando, nel 1594, la scuola protestante di Graz chiede all'università di Tübingen un professore di matematica. È scelto per questo incarico, che gli lascia tempo a sufficienza per i suoi lavori personali. Nel 1596 pubblica il *Mysterium cosmographicum*, frutto delle sue prime meditazioni sulla struttura dell'universo, che lo fa conoscere alla comunità scientifica del tempo. Grazie al suo lavoro entra in corrispondenza con l'astronomo danese Tycho Brahe, che incontra nel febbraio 1600 al castello di Benatek, vicino Praga. Il sodalizio tra Tycho Brahe e Giovanni Keplero sarà breve. La loro relazione sarà soggetta ad alti e bassi: Brahe non crede all'eliocentrismo di Copernico, e Keplero non crede al sistema ibrido di Tycho Brahe. Il 24 ottobre 1601, Tycho Brahe muore, e Keplero gli succede nell'incarico di matematico imperiale.

Keplero, che stava studiando l'orbita di Marte, beneficerà di dieci eccellenti osservazioni astronomiche di Tycho Brahe, fatte dal 1580 al 1600, cui aggiungerà altre due sue osservazioni fatte dal 1602 al 1604 che gli permetteranno di risolvere i vari parametri dell'orbita di Marte. Egli enuncerà le prime due leggi dei movimenti planetari che saranno pubblicate in *Astronomia nova*, che ai suoi contemporanei era più nota con il sottotitolo *Commentaria de motibus Stellae Martis*, nel 1609 a Praga (J. Russell).

Osservò i moti dei pianeti e i fenomeni di eclisse. Durante un fenomeno di eclisse verificatasi il 10 luglio 1600 egli, utilizzando una camera oscura con un piccolissimo foro, dedusse che il diametro della Luna era minore di quello misurato da Tycho Brahe qualche anno prima, nonostante che la Luna si trovasse, in entrambi i casi, alla stessa distanza. Anche se la differenza misurata era superiore al possibile errore, Keplero scoprì che l'enigma andava ricercato nella teoria ottica del passaggio di radiazione attraverso il piccolo foro. Alla ricerca della soluzione Keplero ricercò tra gli scritti dei Prospettivisti una qualsiasi ragione per questa differenza. Purtroppo quegli scritti non gli permettevano di fare alcuna congettura, se non quella secondo la quale la luce era dotata di una natura misteriosa che la costringeva a deviare dalla traiettoria rettilinea. Gli venne in soccorso una tecnica sviluppata probabilmente da Dürer e illustrata nel *Manuale del Pittore* (1525), in tedesco *Underweysung der Messung*. In questo trattato si spiega come ricalcare un oggetto utilizzando un vetro o un foglio di carta oleata forato, facendo passare un filo teso, in modo tale da poter raggiungere ogni punto del bordo dell'oggetto stesso. Facendo passare tanti fili quanti sono i punti dell'oggetto da disegnare, fino a raggiungere l'occhio si avrà la prospettiva dell'oggetto stesso sul vetro e sulla carta oleata. Questa prospettiva cambia con la distanza e l'angolo di visione. In Fig. 12 è raffigurata la tecnica del Dürer. Il metodo di Dürer era basato sull'uso di un chiodo al quale era attaccato un filo con un peso, di modo che potesse essere allungato a piacere pur rimanendo teso. L'altra parte del filo era attaccata a un'asticella con la quale si toccava ogni punto del corpo di cui si voleva fare la prospettiva. La descrizione del Dürer è oltremodo dettagliata:

Fig. 12. *Da Dürer, Albrecht: Underweysung der Messung, mit dem Zirckel und Richtscheyt, in Linien Ebnen vo gantzen Corporen, 1525*

> Appoggia il liuto, o qualunque altro oggetto a tua scelta, alla distanza prestabilita dal quadro, e fai attenzione: devi restare immobile per tutto il tempo che ti servirà. Domanda al tuo assistente di mantenere teso il filo passante per il chiodo (all'altra estremità c'è un contrappeso) e di portarlo a contatto con i punti principali del liuto. Quando egli si ferma su uno di questi punti (tenendo teso il filo) tu sposta gli altri due fili (quelli fissati per uno dei capi alla cornice del quadro) tendendoli in modo che s'incrocino col suo (per fissarli in questa posizione), attacca ora al quadro, con un poco di cera, anche gli altri due capi di questi fili; ordina quindi al tuo assistente di allentare il suo filo. Adesso chiudi lo sportello e ricopia sul quadro il punto di incrocio dei due fili rimasti.

Oggi si usa la stessa tecnica, ma un po' più sofisticata, usando la luce laser invece dei fili. La prospettiva si otterrà illuminando ogni punto dell'oggetto con il raggio laser e poi segnando sul vetro le intersezioni che congiungono la posizione del raggio laser con i punti osservati relativi all'oggetto.

Keplero, utilizzando questa metodologia, formulò una teoria che si svincolava dalle caratteristiche visive dell'osservatore, oggettivando la teoria della visione che fino allora era essenzialmente soggettiva.

In realtà circa ottanta anni prima già Maurolico (1494-1575) e Della Porta (1535-1615) avevano abbozzato una teoria della visione basata su principi matematici. L'approccio principale era basato sulla camera oscura che era stata studiata e caratterizzata in modo da risolvere i problemi matematici ancora sostanzialmente irrisolti. Le regole di Maurolico appaiono assai semplici e sono basate sull'assunzione che la luce si propaghi in linea retta da un punto luminoso. Egli costruì una serie di teoremi che descrivevano l'illuminazione di superfici opache dovute a oggetti luminosi e, entro questo quadro, egli analizzò anche la radiazione luminosa attraverso un'apertura, la camera oscura. Il suo ragionamento dimostra che se una sorgente luminosa estesa attraversa un foro si genera una luminosità che dipende dalle dimensioni del foro stesso. Congiungendo i bordi della base luminosa con quelli del foro, si ottengono due piramidi luminose che hanno il loro apice ai bordi del foro e che s'intersecano. Le basi di queste piramidi portano, in termini visivi, la forma della sorgente luminosa, e quindi i bordi luminosi, che sono dovuti alla differenza tra le due piramidi sovrapposte, diventano trascurabili, per cui l'immagine si conforma alla sorgente luminosa. Anche se Maurolico risolve un problema che per secoli non aveva avuto soluzioni, egli non applica le sue conclusioni alla visione oculare. Piuttosto egli rivede la teoria medioevale dei Prospettivisti, che pensavano che ci fosse visione solo per i raggi perpendicolari incidenti sul cristallino, introducendovi, però, delle sostanziali modifiche. La sua analisi mostra che due lenti convesse producono una convergenza dei raggi, mentre due lenti concave producono una divergenza dei raggi. In questo modo egli introduce dei concetti che enfatizzano le proprietà rifrattive dell'occhio. Pur limitandosi a descrivere la visione attraverso un meccanismo confinato a un solo raggio che viene da ciascun punto del campo visivo, egli, tuttavia, dimentica gli insegnamenti di chi l'aveva preceduto sulla molteplicità dei raggi e in definitiva non giunge a una teoria della visione.

Quasi quarant'anni dopo Maurolico, Giovan Battista dalla Porta (1535-1615) scriveva il *De refratione optices parte libri novem*. Questo lavoro, in nove libri, tratta della rifrazione in generale, dei processi visivi attraverso gli occhiali e dei fenomeni meteorologici. Giovan Battista dalla Porta considerava l'occhio alla stregua di una camera oscura e dimostrava quale grande vantaggio si aveva introducendo sull'apertura della camera una lente. Nonostante queste importanti considerazioni egli non ne dedusse alcuna analogia con la visione, per cui, per lui, il cristallino era lo schermo sul quale era proiettata l'immagine e, ancora, i raggi cadevano perpendicolarmente a questo, senza aggiungere qualcosa alle teorie dei suoi predecessori.

Tornando a Keplero, il fondamento della teoria visiva si basava sull'analisi puntiforme del corpo veduto, come per Alhacen, perché per lui i raggi luminosi s'irradiavano da ogni punto dell'oggetto verso il campo visivo, in tutte le direzioni. Questi raggi venivano tracciati dall'oggetto veduto verso e attraverso l'occhio per stabilire una corrispondenza ordinata tra i punti sorgente e i punti che producevano lo stimolo entro l'occhio stesso.

Keplero spiega il principio del metodo puntiforme nella seconda proposizione dei *Paralipomeni*, come quelle infinite linee di vista che derivano da ogni punto del campo visivo. Ne consegue che ciascun punto visibile, opposto all'occhio, colpisce completamente la cornea e riempie la pupilla con i suoi raggi, producendo un cono con apice nel punto visibile e base dentro l'occhio. I raggi sono leggermente rifratti appena passano attraverso la cornea e convergono sulla superficie della lente del cristallino. Ciascun punto visibile produce un cono. Tutti i coni, provenienti da qualsiasi parte, s'intersecano sulla pupilla.

L'approccio di Keplero è diverso da quello dei Prospettivisti perché nel concettualizzare il cono di radiazione egli lo rovescia e pone l'apice sull'oggetto veduto e non la base. Per Keplero la base è data dallo scambio reciproco delle basi dei vari coni che raggiungono l'interno dell'occhio. Ancora, rispetto ai Prospettivisti, egli introduce il concetto di convergenza dei raggi ma, non conoscendo i lavori di Maurolico e di Della Porta, relega la sua analisi ai materiali trasparenti.

Il suo procedimento è elementare e parte da un'immagine posta a una certa distanza da una sfera. L'occhio che guarda è oltre la sfera e l'immagine è focalizzata in un punto. Se i raggi provengono da una zona lontana dalla parallasse che è costituita dall'oggetto, sfera, occhio, si ha un fenomeno di aberrazione sferica. Difatti i raggi, passando vicino al centro della sfera, intersecano il suo asse centrale più lontano dalla sfera di quanto facciano i raggi che passano attraverso la periferia. Il fuoco non è ben definito e si ha allora un inviluppo iperbolico che riproduce una caustica. Applicando questi principi a un oggetto visto attraverso un foro piazzato davanti a una sfera trasparente, si riproduce, su di uno schermo, un'immagine invertita dell'oggetto stesso. In assenza di un foro l'immagine sullo schermo sarà, invece, confusa.

Applicando questa metodologia all'occhio, Keplero deve fare i conti con la struttura del cristallino che è lenticolare e non sferico. Risolve, tuttavia, la questione facendo rifrangere la radiazione luminosa lungo la combinazione cristallino e umore liquido in cui il cristallino è immerso.

Keplero sa che gli umori del cristallino e quelli acquei non sono combinati tra di loro, ma pensa che la sua analisi con le sfere trasparenti si possa applicare poiché essi sono così vicini tra di loro. Queste osservazioni geometriche si deducono dalle figure contenute nel libro di Descartes (Cartesio) la *Dioptrique* e non da un suo schema grafico. In Fig. 13 viene riprodotta la figura contenuta nel libro di Cartesio.

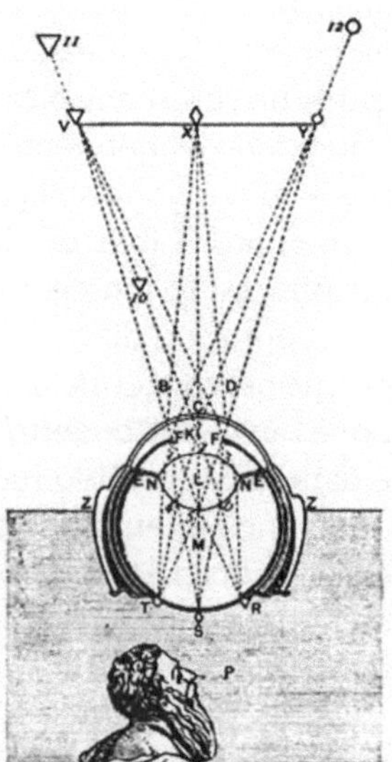

Fig. 13. *Secondo Keplero la retina è il luogo su cui si forma l'immagine visiva contrariamente a quanto pensavano i Greci e gli Arabi e i Prospettivisti che consideravano la lente cristallina sede della visione*

Dall'analisi di questa figura si può anche capire che cosa aveva in mente Keplero. I coni di radiazione provenienti dall'oggetto visivo formano una base sulla cornea o di fronte al cristallino. Ciascuna base dà luogo a un altro cono visivo che converge verso un apice oltre l'occhio. Questi coni sono rifratti appena passano dal cristallino all'umore vitreo e convergono verso un apice localizzato sulla retina, scambiandosi di posto: l'immagine che proviene da sinistra va a destra e viceversa. In tal modo abbiamo un'immagine invertita e rovesciata sulla retina.

In pratica Keplero utilizza, per descrivere la visione, il concetto della camera oscura, ma non potendo spiegare perché l'immagine che noi vediamo è dritta e non rovesciata, parla dell'aspetto fisico della visione piuttosto che dell'aspetto matematico. Pur non discostandosi da Alhacen egli, però, introduce nella teoria della visione il ruolo fondamentale della retina.

L'introduzione del ruolo della retina rappresenta, nella conoscenza della visione, un passo importante che permetterà poi di capire cosa accade appena dopo che l'immagine si forma sulla retina. Anch'egli tentò una soluzione per quanto atteneva il trasporto dell'immagine attraverso i nervi ottici fino al chiasma ottico e di qui al cervello, ma non seppe allontanarsi dai concetti già espressi da altri.

Keplero introduce implicitamente il concetto di percezione visiva in quanto la visione diventa la mediazione tra lo spirito visivo e la qualità della luce e del colore. In definitiva Keplero rappresenta il tratto di unione tra chi teorizza la visione e coloro che la studieranno attraverso vari esperimenti. Egli rappresenta l'ultimo dei grandi pensatori del mondo antico che chiude la tradizione medioevale aprendo alla sperimentazione degli anni a seguire che porteranno alla fisica classica.

La nascita della fisica classica e dell'ottica

La relatività galileiana e l'esperienza quotidiana

Alla fine del Seicento la dottrina platonica dell'"Armonia delle sfere" viene demolita da Keplero che, ironia della sorte, ne era uno dei più appassionati cultori. Nel 1596 Keplero pubblica il *Mysterium Cosmographicum* in cui combina l'idea classica dell'"Armonia delle sfere" con l'eliocentrismo che Copernico aveva proposto nel 1530. Egli non solo pone al centro dell'universo il Sole con i pianeti che gli ruotano attorno, ma mostra che i pianeti si muovono su orbite ben precise. Come Platone concepisce il cosmo come una copia del modello divino e crede che questo modello abbia un ordine geometrico. "In verità Keplero vede la geometria come l'archetipo del cosmo, coeterno con il creatore stesso e quindi antecedente alla creazione del Cielo e della Terra" (Van der Schott).

Tutte le sue domande sull'universo trovano una risposta quando mette da parte le orbite delle stelle fisse e della Luna e si concentra sui sei pianeti allora conosciuti: Mercurio, Venere, Terra, Marte, Giove e Saturno. In mezzo alle orbite di questi pianeti c'erano cinque spazi che potevano essere messi in relazione con la forma dei cinque solidi platonici. Keplero descrive questa sua intuizione in una lettera del 2 agosto 1595 al suo maestro Maestlin.

Tra l'orbita di Mercurio e Venere Keplero situa un ottaedro, tra quella della Terra e di Venere un icosaedro, tra l'orbita della Terra e di Marte un dodecaedro, tra quella di Marte e Giove un tetraedro e infine tra l'orbita di Giove e Saturno un cubo. Ogni solido era inscritto in una sfera. Questa struttura non era pura speculazione perché la posizione dei poliedri non fu scelta in modo arbitrario ma in funzione delle reciproche distanze tra i pianeti come stabilito da Copernico. A quel tempo Keplero utilizzava la nozione di sfera in senso letterale e credeva che ciascuno dei corpi celesti avesse la sua orbita lungo questa sfera. Inoltre egli assumeva l'idea platonica che il dodecaedro avesse la forma del Cielo sopra la Terra. Poiché inoltre egli considerava il cubo, il tetraedro e il dodecaedro corpi primari e l'icosaedro e l'ottaedro corpi secondari, il dodecaedro separava i tre corpi primari da quelli secondari. Tuttavia non ci dà una descrizione del dodecaedro, mentre si dilunga a descrivere il cubo e l'ottaedro, in questo riecheggiando il silenzio che già era stato di Platone. In seguito in *Astronomia nova* enuncerà che le orbite non sono circolari ma ellittiche con il Sole in uno dei due fuochi e che il raggio vettore che unisce il centro del Sole con il centro del pianeta descrive aree uguali in tempi uguali, ma l'approccio di *Mysterium Cosmographicum* gli fornisce una buona approssimazione nel predire le posizioni dei pianeti. Keplero tenta anche una via musicale pensando che ci fosse una relazione tra l'armonia del movimento dei corpi celesti e l'armonia musicale, ma presto abbandona il tentativo perché non ottiene un risultato soddisfacente. Il I agosto 1597 Keplero invia due copie del libro a Galileo attraverso l'amico Paul Hamberger.

Galileo gli risponde appena riceve il libro scrivendo una lettera in latino e firmandosi *Galilaeus Galilaeus*. La sua lettera di ringraziamento è un po' troppo frettolosa, probabilmente anche dovuta al fatto che Paul Hamberger doveva tornare in Germania. La lettera fu ricevuta da Keplero il I settembre 1597 e in essa sono contenute alcune sue considerazioni sul libro di Keplero:

> Finora non ho visto alcuna parte del suo libro eccetto la prefazione. Da essa tuttavia ho afferrato il suo scopo e certamente mi congratulo al massimo grado che io abbia un alleato così potente nella ricerca della verità. [...] Molti anni fa mi son convertito alla teoria di Copernico. Ho scritto molte ragioni in favore di essa e ho confutato tesi opposte. Ma non ho avuto coraggio di pubblicarle. [...] Io avrei sicuramente il coraggio di rendere pubbliche le mie convinzioni se ci fossero più persone come voi. Ma siccome non ci sono io eviterò tale coinvolgimento. Il poco tempo che ho e la mia voglia di leggere il vostro

> libro mi impongono di terminare questa lettera e di dichiarare la mia devozione a voi e pronto a servirvi in ogni modo (Rosen).

Galileo espresse anche il desiderio di avere altre due copie che Keplero gli inviò con una lettera nella quale gli chiede di pagarlo non con dei soldi ma "con una lettera molto lunga". Nella stessa lettera, inviata il 13 ottobre 1597, egli esortava Galileo a prendere una posizione pubblica:

> Abbiate fede Galileo e fatevi avanti! Se la mia ipotesi è giusta, ci sono pochi matematici europei che desidererebbero staccarsi da noi: perché tale è la forza della verità (Rosen).

Galileo non risponde a questa lettera, ma solo nel 1610, nell'annunciare le sue scoperte, invia una lettera a Keplero nella quale scrive:

> Vi ringrazio perché voi foste il primo, praticamente il solo che ebbe completa fede nelle mie asserzioni anche se non avete effettuato alcuna osservazione visiva, tale è la vostra onestà e nobiltà intellettuale (Rosen).

Keplero è l'ultimo astronomo del Rinascimento, mentre Galileo è il primo di una nuova era perché Keplero rimane nella tradizione rinascimentale mentre Galileo, partendo dal movimento della Terra e del Cielo, sviluppa una disciplina qual è la meccanica che tanta parte avrà nella storia della scienza.

La confutazione definitiva del sistema aristotelico-tolemaico avviene per merito di Galileo Galilei (1564-1642) utilizzando il cannocchiale. Questo strumento è usato come un prolungamento del suo corpo per vedere ciò che a occhio nudo è invisibile e per indagare al di là della Terra verso quell'universo che era considerato immutabile come le cose terrene. Quest'approccio, antitetico a quello aristotelico che era basato solo sull'uso dei sensi per non perturbare la natura, fu una svolta cruciale per la scienza e avrebbe avuto conseguenze inimmaginabili.

Il cannocchiale era già noto in Olanda dove era stato inventato forse attorno al 1608. Tre furono gli artigiani cui si demanda l'invenzione del cannocchiale: Hans Lippershey e Zacharias Janssen, ottici che operavano a Middelburg, e Jacob Metius di Alkmaar noto come Jacob Adriaanszoon. Tuttavia nessuno aveva ancora usato questo strumento per guardare il cielo. Il primo cannocchiale di Galileo aveva un'amplificazione ottica di tre volte, mentre il successivo ebbe un'amplificazione di trenta volte. Questo cannocchiale fu denominato "telescopio" dal matematico greco Demisiani, combinando due parole greche: *tele* (lontano) e *skopein* (guardare).

Il 7 gennaio 1610 Galileo osservò con il suo cannocchiale "tre stelle fisse, totalmente invisibili a causa della loro piccolezza", vicine a Giove. Le osservazioni mostrarono che la posizione di "queste stelle" cambiava in modo strano poiché si supponeva che fossero stelle fisse. Il 10 gennaio Galileo notò che una di esse era scomparsa. Egli attribuì il fenomeno al fatto che la "stella" fosse nascosta da Giove e che quindi stesse orbitando attorno a lui. In seguito egli scoprì che le tre "stelle" erano tre delle quattro lune di Giove: Io, Europa e Callisto. Scoprì la quarta, Ganimede, il 13 gennaio. Galileo dedicò i quattro satelliti a Cosimo II dei Medici, Gran Duca di Toscana, e ai tre fratelli di Cosimo. Più tardi gli astronomi chiamarono questi satelliti "galileiani" in onore di Galileo. Le sue scoperte, pubblicate in un piccolo libretto *Sidereus Nuncius*, indicavano la presenza di pianeti più piccoli che orbitavano attorno ad altri pianeti demolendo i principi della cosmologia aristotelica che prevedeva che tutti i corpi celesti dovessero ruotare attorno alla Terra.

Le sue successive osservazioni sulla Luna indicarono che il paesaggio lunare era assimilabile a quello terrestre. La Luna perdeva le caratteristiche di pianeta etereo per assumere delle caratteristiche materiali precise, e inoltre la Luna si muoveva di moto proprio senza alcun ausilio esterno. La scoperta dei satelliti di Giove cambiò il modo di vedere il creato. Dato che, secondo Aristotele, il Cosmo doveva essere costituito da sfere concentriche, com'era possibile che esistessero dei corpi che ruotavano senza sfondare queste sfere concentriche? Inoltre com'era possibile che esistessero dei corpi che ruotavano attorno ad altri pianeti, quando, fino allora, la Terra era al centro del sistema di rotazione?

La comparsa di nuove stelle distruggeva il concetto d'immutabilità del cielo. La scoperta della Via Lattea induceva a pensare ad altri mondi. La diversità tra stelle e pianeti introduceva nuovi concetti che non erano più assimilabili alla dottrina aristotelica. La scoperta che la Terra rifletteva luce sulla Luna indicava che la Terra forniva luce al mondo etereo. La scoperta di Saturno e della sua incorporeità rimetteva in discussione la perfezione sopralunare. La scoperta delle macchie solari diventava la prova manifesta che c'erano zone dell'universo che non erano perfette e immutabili.

Di fronte a queste scoperte Galileo abbandona i concetti della dottrina aristotelico-tolemaica, aderendo ai nuovi concetti sul moto dei pianeti definiti da Copernico. L'abbandono dell'universo cosmologico e fisico di Aristotele produce un nuovo modo di concepire la fisica. Il *Dialogo sui massimi sistemi* risponde all'esigenza di questa nuova fisica.

Galileo aprì la strada a quello che noi chiamiamo il metodo galileiano, che diventerà il metodo sperimentale per eccellenza. Per questa ragione Einstein chiamò Galileo il padre della scienza moderna. Galileo ebbe grandi intuizioni, ma non elaborò tutta la fisica che conosciamo.

Oggi non utilizzeremmo il suo modo di descrivere gli esperimenti, ma dobbiamo pensare al contesto in cui egli si trovava. Il suo modo di redigere i risultati era quello di far partecipe anche chi era al di fuori della scienza attraverso una forma di divulgazione *ante litteram*. Galileo sapeva che il puro empirismo non portava a nulla. La sperimentazione richiedeva una teoria a priori che permettesse una progettazione dell'esperimento che potesse poi essere riprodotto più e più volte.

La teoria pregalileiana si avvaleva di osservazioni naturalistiche senza riproduzioni e ripetizioni in laboratorio e senza separazione delle variabili. Invece, poiché il fenomeno naturale è un misto di vari fenomeni, la grande forza di Galileo fu di separare ciò che interessava, scegliendo tra tutti i parametri quelli che si volevano studiare. Con ciò semplificava il problema mediante astrazioni, riconducendo il fatto reale a un fatto teorico nel quale si poteva cogliere l'essenza del fenomeno.

Seppur Galileo si limitasse a studiare la cinematica, il moto dei corpi, egli aprì, attraverso la sua opera di astronomo, nuovi campi tra cui quelli legati alla luce. Galileo considerava la luce *substantia velocissima* e contrariamente ai contemporanei, come Cartesio e Keplero, egli considerava la luce dotata di una velocità finita, tanto da suggerire un esperimento che nella sua semplicità non gli riuscì.

Nei *Discorsi e dimostrazioni intorno a due nuove scienze attenenti alla meccanica e i movimenti locali* descrive, in modo suggestivo, l'esperimento per calcolare la velocità della luce. Due operatori entrambi dotati di una lanterna si dovevano posizionare, di notte, l'uno di fronte all'altro a una distanza di "due o tre miglia". Dopo di che avrebbero dovuto scoprire alternativamente la luce della loro lanterna in modo tale che appena l'uno avesse visto la luce dell'altro, avrebbe dovuto aprire la sua lanterna. Aggiunse, anche, che si poteva usare un telescopio per distanze maggiori di otto o dieci miglia. Ovviamente l'esperimento era inadeguato soprattutto per la velocità di reazione degli sperimentatori.

La lettura dei *Discorsi* è particolarmente interessante. Il dialogo avviene alla prima giornata tra Salviati e Sagredo. Queste due figure, assieme a Simplicio, sono ben presenti anche nel *Dialogo sui massimi sistemi*. Filippo Salviati (1583-1614) è il difensore ufficiale delle tesi copernicane; Giovanfrancesco Sagredo (1571-1620), nobile veneziano colto e liberale, è una sorta di moderatore ben disposto ad accettare le nuove idee; il terzo personaggio, di pura fantasia, Simplicio, è l'aristotelico.

> [Salviati] La poca concludenza di queste e di altre simili osservazioni mi fece una volta pensare a qualche modo di poterci senza errore accertar, se l'illuminazione, cioè se l'espansion del lume, fusse veramente instantanea; poiché il moto assai veloce del suono ci assicura, quella della luce non poter esser se non velocissima: e l'esperienza che mi sovvenne, fu tale. Voglio che due piglino un lume per uno, il quale, tenendolo dentro lanterna o altro ricetto, possino andar coprendo e scoprendo, con l'interposizion della mano, alla vista del compagno, e che, ponendosi l'uno incontro all'altro in distanza di poche braccia, vadano addestrandosi nello scoprire ed occultare il lor lume alla vista del compagno, sì che quando l'uno vede il lume dell'altro, immediatamente scuopra il suo; la qual corrispondenza, dopo alcune risposte fattesi scambievolmente, verrà loro talmente aggiustata, che, senza sensibile svario, alla scoperta dell'uno risponderà immediatamente la scoperta dell'altro, sì che quando l'uno scuopre il suo lume, vedrà nell'istesso tempo comparire alla sua vista il lume dell'altro. Aggiustata cotal pratica in questa piccolissima distanza, pongansi i due medesimi compagni con due simili lumi

in lontananza di due o tre miglia, e tornando di notte a far l'istessa esperienza, vadano osservando attentamente se le risposte delle loro scoperte ed occultazioni seguono secondo l'istesso tenore che facevano da vicino; che seguendo, si potrà assai sicuramente concludere, l'espansion del lume essere instantanea: ché quando ella ricercasse tempo, in una lontananza di tre miglia, che importano sei per l'andata d'un lume e venuta dell'altro, la dimora dovrebbe esser assai osservabile. E quando si volesse far tal osservazione in distanze maggiori, cioè di otto o dieci miglia, potremmo servirci del telescopio, aggiustandone un per uno gli osservatori al luogo dove la notte si hanno a mettere in pratica i lumi; li quali, ancor che non molto grandi, e per ciò invisibili in tanta lontananza all'occhio libero, ma ben facili a coprirsi e scoprirsi, con l'aiuto de i telescopii già aggiustati e fermati potranno esser commodamente veduti.
[Sagredo] L'esperienza mi pare d'invenzione non men sicura che ingegnosa. Ma diteci quello che nel praticarla avete concluso.
[Salviati] Veramente non l'ho sperimentata, salvo che in lontananza piccola, cioè manco d'un miglio, dal che non ho potuto assicurarmi se veramente la comparsa del lume opposto sia instantanea; ma ben, se non instantanea, velocissima, e direi momentanea, è ella, e per ora l'assimiglierei a quel moto che veggiamo farsi dallo splendore del baleno veduto tra le nugole lontane otto o dieci miglia; del qual lume distinguiamo il principio, e dirò il capo e fonte, in un luogo particolare tra esse nugole, ma bene immediatamente segue la sua espansione amplissima per le altre circostanti; che mi pare argomento, quella farsi con qualche poco di tempo; perché quando l'illuminazione fusse fatta tutta insieme, e non per parti, non par che si potesse distinguer la sua origine, e dirò il suo centro, dalle sue falde e dilatazioni estreme. Ma in quai pelaghi ci andiamo noi inavvertentemente pian piano ingolfando? tra i vacui, tra gl'infiniti, tra gli indivisibili, tra i movimenti instantanei, per non poter mai, dopo mille discorsi, giugnere a riva? (Brunetti).

Pur non avendo prove sperimentali, egli azzardò un argomento in favore della velocità limitata della luce, ipotizzando che il ritardo di tempo che c'era tra l'osservazione del fulmine e quella del baleno fosse segno della velocità finita della luce.

Oggi sappiamo, grazie al lavoro di Friedrich Kenkel nel 1913, che questo ritardo è un fattore di natura psicologica attraverso il quale si ha l'impressione dell'esistenza di un moto quando nel buio si ha l'improvvisa presenza di luce. Il fulmine (chiamato anche saetta o folgore) è una scarica elettrica di grandi dimensioni che avviene nell'atmosfera che s'instaura fra due corpi con una grande differenza di potenziale elettrico, mentre il baleno è una luminosità intensa e di breve durata, una luce improvvisa.

Galileo si spinse oltre, ipotizzando che la luce e la materia avessero un unico denominatore. Per evitare altri problemi con la chiesa, Galileo non mette per iscritto queste sue ipotesi. Queste ci sono state riferite da Orazio Ricasoli Rucellai, il quale si professava discepolo di Galilei, ma lo aveva incontrato poche volte, per cui questa ipotesi andrebbe meglio approfondita.

Ancora Galileo ne *Il Saggiatore*:

> La filosofia è scritta in questo grandissimo libro che continuamente ci sta aperto innanzi agli occhi (io dico l'universo), ma non si può intendere se prima non s'impara a intender la lingua, e conoscer i caratteri ne' quali è scritto. Egli è scritto in lingua matematica, e i caratteri son triangoli, cerchi, ed altre figure geometriche, senza i quali mezzi è impossibile a intenderne umanamente parola; senza questi è un aggirarsi vanamente per un oscuro laberinto (Brunetti).

L'atomismo democriteo scompare per far posto al concetto di particelle indivisibili, senza dimensioni, assimilabile al concetto geometrico che un segmento finito è costituito da punti adimensionali da prendere in un numero infinito. In base a quest'analogia la materia aggregata è costituita da infiniti corpuscoli, infinitamente piccoli, tenuti assieme da una qualche forza coesiva.

Galileo fa un esperimento basato sull'asserzione aristotelica che il vuoto esercita una forza. Tale asserzione era basata sul concetto che la natura aborriva il vuoto e quindi si opponeva ogni volta che si cercava di instaurarlo. Ovviamente quest'asserzione era sbagliata perché non si possono esercitare forze tra entità inesistenti come si ha nel vuoto.

Galileo, benché avesse motivo che quest'asserzione fosse inaccettabile, eseguì l'esperimento utilizzando un cilindro attraverso il quale estraeva l'aria con un pistone. Come capirà in seguito Torricelli, egli aveva solo misurato la pressione dell'aria, poiché la forza da vincere non era quella del vuoto, bensì quella della colonna d'aria sopra il cilindro.

Un'altra ipotesi che Galileo fece fu quella riguardante la capacità di stare assieme degli atomi. Secondo lui, tra ciascuna coppia di atomi si trovava uno spazio vuoto che aveva l'effetto di tenerli assieme. Da questa sua ipotesi egli fece discendere varie conseguenze, tra cui quella del calore e della luce.

Il tutto nasceva dalla natura del fuoco che era data da un insieme di particelle che egli chiamò *ignicoli* che erano in continuo movimento. La sensazione di calore era dovuta a questi *ignicoli* che penetravano nella nostra pelle. Più veloci erano, più marcata era l'impressione di calore. La fusione di un metallo era, invece, dovuta alle azioni degli *ignicoli* che penetravano all'interno dei microvuoti tra particella e particella vanificando le forze di legame. Questi *ignicoli* avevano varie dimensioni, erano grossi se si manifestavano come calore, piccoli se si manifestavano come luce (Frova e Marenzana).

Nel 1632 pubblicò il *Dialogo sopra i due massimi sistemi del mondo*, un testo fondamentale per la scienza moderna in cui Galileo, sotto un'apparente neutralità, sosteneva l'astronomia copernicana contro quella tolemaica.

I primi a predicare contro Galileo furono Angelo Celestino, francescano, e Raffaello delle Colombe, domenicano, fratello di Ludovico delle Colonne, autore nel 1611 del *Trattato contro il moto della Terra*, polemico verso Copernico e coloro che sostenevano le sue teorie. Dal 1610 al 1625 essi, letteralmente, si scagliarono contro le teorie di Galileo raccogliendo attorno a sé prelati e filosofi che erano contrari alla teoria:

> In primo luogo perché a Firenze la polemica anticopernicana era tutt'altro che nuova. In secondo luogo era legata alla lotta intorno all'importanza che stava assumendo la figura di Galileo nel seno della corte medicea e al valore epistemologico della visione astronomica presentata nel *Sidereus Nuncius* con le sue novità e con la sua concezione generale dell'universo (Guerrini).

Il 20 marzo 1615 Caccini, a Roma, sporge denuncia contro Galileo Galilei presenti i cardinali Bellarmino, Galamini, Millini, Sfondrati,

Taverna, Veralli e Zapata. Il 12 aprile Bellarmino scriveva al carmelitano Foscarini, autore della "Lettera sopra l'opinione dei Pitagorici e del Copernico", una lettera rimasta famosa:

> Ho letto volentieri l'epistola italiana e la scrittura latina che la P.V. m'ha mandato: la ringratio dell'una e dell'altra, e confesso che sono tutte piene d'ingegno e di dottrina. Ma poiché lei dimanda il mio parere, lo farò con molta brevità, perché lei hora ha poco tempo di leggere ed io ho poco tempo di scrivere.
> 1° Dico che mi pare che V. P. et il Sig.r Galileo facciano prudentemente a contentarsi di parlare ex suppositione e non assolutamente, come io ho sempre creduto che habbia parlato il Copernico. Perché il dire che, supposto che la terra si muova et il sole stia fermo si salvano tutte l'apparenze meglio che con porre gli eccentrici et epicicli, è benissimo detto, e non ha pericolo nessuno; e questo basta al matematico: ma volere affermare che realmente il sole stia nel centro del mondo, e solo si rivolti in se stesso senza correre dall'oriente all'occidente, e che la terra stia nel 3° cielo e giri con somma velocità intorno al sole, è cosa molto pericolosa non solo d'irritare tutti i filosofi e theologi scolastici, ma anco di nuocere alla Santa Fede con rendere false le Scritture Sante; perché la P.V. ha bene dimostrato molti modi di esporre le Sacre Scritture, ma non li ha applicati in particolare, che senza dubbio havria trovate grandissime difficultà se avesse voluto esporre tutti quei luoghi che lei stessa ha citati.
> 2° Dico che, come lei sa, il Concilio proibisce esporre le Scritture contra il comune consenso de' Santi Padri; e se la P.V. vorrà leggere non dico solo li Santi Padri, ma li commentari moderni sopra il Genesi, sopra i Salmi, sopra l'Ecclesiaste, sopra Giosuè, trovarà che tutti convengono in esporre ad literam (sic) ch'il sole è nel cielo e gira intorno alla terra con somma velocità, e che la terra è lontanissima dal cielo e sta nel centro del mondo, immobile. Consideri hora lei, con la sua prudenza, se la Chiesa possa sopportare che si dia alle Scritture un senso contrario alli Santi Padri e a tutti gli espositori greci e latini. Né si può rispondere che questa non sia materia di fede, perché se non è materia di fede ex parte obiecti, è materia di fede ex parte dicentis; e così sarebbe heretico chi dicesse che Abramo non habbia

avuti due figliuoli e Iacob dodici, come chi dicesse che Cristo non è nato da vergine, perché l'uno e l'altro lo dice lo Spirito Santo per bocca de' Profeti et Apostoli.
3° Dico che quando ci fusse vera demostratione che il sole stia nel centro del mondo e la terra nel 3° cielo, e che il sole non circonda la terra, ma la terra circonda il sole, allora bisognerà andar con molta consideratione in esplicare le Scritture che paiono contrarie, e più tosto dire che non l'intendiamo, che dire che sia falso quello che si dimostra. Ma io non crederò che ci sia tal dimostratione, fin che non mi sia mostrata: né è l'istesso dimostrare che supposto ch'il sole stia nel centro e la terra nel cielo, si salvino le apparenze, e dimostrare che in verità il sole stia nel centro e la terra nel cielo; perché la prima dimostratione credo che ci possa essere, ma della seconda ho grandissimo dubbio, et in caso di dubbio non si dee lasciare la Scrittura Santa, esposta da' Santi Padri. Aggiungo che quello che scrisse: Oritur sol et occidit, et ad locum suum revertitur etc., fu Salomone, il quale non solo parlò inspirato da Dio, ma fu huomo sopra tutti gli altri sapientissimo e dottissimo nelle scienze humane e nella cognitione delle cose create, e tutta questa sapienza l'hebbe da Dio; onde non è verisimile che affermasse una cosa che fusse contraria alla verità dimostrata o che si potesse dimostrare. E se mi dirà che Salomone parlò secondo l'apparenza, parendo a noi che il sole giri, mentre la terra gira, come a chi si parte dal litto pare che il litto si parta dalla nave, risponderò che chi si parte dal litto, se bene gli pare che il litto si parta da lui, nondimeno conosce che questo è errore e lo corregge, vedendo chiaramente che la nave si muove e non il litto; ma quanto al sole e la terra, nessuno savio è che habbia bisogno di correggere l'errore, perché chiaramente esperimenta che la terra sta ferma e che l'occhio non si inganna quando giudica che il sole si muove, come anco non s'inganna quando giudica che la luna e le stelle si muovano. E questo basti per ora (Favaro).

Le polemiche e le reiterate invettive giungono fino al 1633, quando Galileo, convocato a Roma, viene processato e condannato al carcere a vita dal Sant'Uffizio. Dopo l'abiura delle teorie copernicane, il carcere a vita fu commutato in domicilio coatto, che

Galileo scontò prima nel palazzo dell'ambasciatore di Toscana, poi nell'Arcivescovado di Siena e infine nella sua villa di Arcetri. Galileo Galilei è stato riabilitato da Giovanni Paolo II solo nel 1992, trecentocinquanta anni dopo la sua morte, ma senza l'abrogazione della sentenza. Il Presidente del Pontificio Consiglio della Cultura, il cardinale Paul Poupard, ebbe a dire:

> È in tale congiuntura storico-culturale, ben lontana dal nostro tempo, che i giudici di Galileo, incapaci di dissociare la fede da una cosmologia millenaria, erroneamente credettero che l'accettazione della rivoluzione copernicana, per altro non ancora definitivamente provata, fosse di natura tale da far vacillare la tradizione cattolica e che, pertanto, fosse loro dovere proibirne l'insegnamento. Questo errore di giudizio soggettivo, tanto evidente per noi oggi, li spinse a adottare una misura disciplinare per la quale Galileo "ebbe molto a soffrire".

Il saggio sperimentale: Hooke e Huygens

La tradizione scientifica era tramandata attraverso i libri, il più delle volte scritti, come abbiamo visto per Galileo, con un linguaggio lontano dal rigore scientifico, più divulgativo, oppure in forma di argomentazioni religiose, come fecero gli scienziati del Medioevo.

Nel 1665, però, nasce la prima rivista scientifica: *Philosophical Transactions of the Royal Society of London*. Con l'avvento della *Philosophical Transactions* si arrivò a codificare la scrittura in modo da avere dei precisi canoni e con una semantica che è quella che gli scienziati utilizzano ancora oggi. Il saggio scientifico creò un nuovo modo di comunicare che influenzò altre forme di comunicazione e perfino la comunità sociale che le adoperava.

La monografia rimaneva ancora la forma scientifica più significativa, ma l'articolo pubblicato sulla rivista svolse un ruolo importante nell'organizzazione della ricerca e della comunità scientifica, soprattutto producendo un'immediatezza di linguaggio e una rapidità informativa che prima era impensabile.

Innanzi tutto nasceva il concetto di esperimento, anche se incompleto perché, almeno all'inizio, non era interamente spiegato. Poi veniva l'analisi e la spiegazione dei fenomeni osservati.

Infine si utilizzarono delle argomentazioni retoriche che rinnovarono il linguaggio non solo cercando di comprendere il senso da attribuire ai propri esperimenti, ma anche in previsione di ogni controversia che potesse sorgere con altri scienziati.

Non va dimenticato che il Settecento era di stampo prettamente empirista, almeno in Inghilterra, dove prevaleva l'influsso di Francesco Bacone (Francis Bacon) che aveva pervaso tutta la comunità scientifica.

Francis Bacon (1561-1626) propose un nuovo metodo, una nuova logica, radicalmente diversa da quella aristotelica, e una nuova società utopica, nettamente diversa da quella di Platone. Nel *Novum Organum* (Spedding et al.) egli delinea un nuovo metodo, diviso in due parti: la *pars destruens*, con la quale si confutano, si distruggono, le tesi contrapposte, e la *pars construens*, con la quale si avanzano le proprie tesi dopo aver liberato il campo con la *pars destruens*.

Quest'idea di abbattere con una *pars destruens* le tesi in contrasto con quelle che si vogliono affermare è piuttosto tipica del Seicento: occorre abbattere, partendo dalle fondamenta dell'antico edificio del sapere, per poi costruire su fondamenta più stabili. Anche nella scienza vale lo stesso principio, bisogna eliminare le antiche conoscenze errate che non sono altro che illusioni.

Bacon definisce questi errori *eidola* (cioè immagini che entrano nell'occhio rivelandosi), che sono quattro e che egli ascrive ad Aristotele. Egli è convinto che siano presenti nella mente umana certe convinzioni – potremmo dire pregiudizi – che limitano la possibilità di conoscere in modo oggettivo la realtà. In fondo, per Bacon la mente umana non è altro che uno specchio che riflette ciò che c'è nella realtà, ma deve essere uno specchio liscio, senza pregiudizi, altrimenti finisce per deformare la realtà stessa. I quattro *eidola* sono: *tribus, specus, fori, theatri*. Gli *eidola tribus* sono i pregiudizi della tribù, dell'umanità. Sono pregiudizi radicati non nella mente di una o più persone, ma nella mente dell'intera razza umana: non c'è uomo che non li abbia. Il più importante degli *eidola tribus* è senz'altro la fallibilità dei sensi: noi siamo tutti convinti che la nostra sensibilità non possa ingannarci. Questo è un pregiudizio insito nella mente di tutta l'umanità, mentre Bacon sostiene che i sensi possano ingannarci. Gli *eidola specus* sono quelli della caverna, con un fortissimo richiamo a Platone e al suo mito della caverna. Si noti come ancora una volta Bacon si richiami a filosofi antichi, ma solo in termini negativi. Per Bacon la caverna è la mente di ciascuno di noi. Ogni singola mente ha la sua specificità e tende a vedere la realtà a modo suo, anche se vi sono pregiudizi presenti in tutte le menti, come egli indica negli *eidola tribus*. Ci sono persone che, per esempio, tendono maggiormente a notare le differenze tra le cose, mentre ce ne sono altre che tendono a vedere le analogie tra le cose. Ciascuno tende a forzare la realtà in una certa direzione, seguendo la sua inclinazione naturale. Il terzo sono gli *eidola fori*, del foro, del mercato, perché hanno a che fare con il linguaggio.

Bacon fa notare una cosa per noi oggi ovvia, ma per gli uomini del suo tempo innovativa: nel linguaggio esiste sempre una differenza tra le parole e i significati a esse attribuiti. In altre parole, se tutti sanno che si parla in conseguenza di come si pensa, forse non tutti sanno che è vero anche l'opposto, che si pensa in conseguenza di come si parla. Sorge allora il rischio di commettere errori di pensiero, derivanti da errori di linguaggio. Il primo rischio evidente è quello di inventare parole che non trovino corrispondenza nella realtà, parole prive di senso, che non designino nulla, ma che col passare del tempo siano destinate a esistere. Bacon cita parole come "primo mobile", "sfere planetarie": nei cieli non esistono le sfere cristalline, però a forza di parlarne è passata la convinzione che esistano.

Il quarto sono gli *eidola theatri*, del teatro. Si chiamano così perché sono i pregiudizi indotti dalle diverse scuole filosofiche che Bacon, per sottolineare la loro lontananza dalla realtà, assimila a favole che vengono idealmente rappresentate sulla scena teatrale. Chi ha studiato una dottrina filosofica finisce poi per interpretare l'intera realtà secondo quella dottrina. Chi interpreta la realtà con una dottrina produce il pregiudizio. Queste dottrine sono sfondi artificiali che sostituiscono al mondo vero quello artificiale realizzato a tavolino dai filosofi.

In questo contesto l'evento scientifico si identifica nell'esperimento, che deve essere spiegato in modo preciso. Anche gli apparati usati e la metodologia devono essere descritti in modo da permettere una loro riproducibilità, essenziale per correlare esperimento e risultati. Non ultimo, devono essere utilizzati degli artifici retorici che permettano di assimilare il modo con cui è stato condotto l'esperimento entro la struttura del testo.

Tutto ciò non era immediatamente avvertibile nei primi saggi della *Philosophical Transactions*, ma sulla base del confronto dei risultati di altri lavori, che trattavano lo stesso argomento, il processo si affinò sempre di più, utilizzando, in modo appropriato, il metodo di Francis Bacon.

Nei primi anni gli esperimenti riportati sulla *Philosophical Transactions* erano praticati a scopo dimostrativo davanti ai membri della Royal Society. La dimostrazione si fondava sulla testimonianza comune dell'assemblea. Il resoconto scritto dell'esperimento era solo e poco più di un riassunto delle informazioni concernenti ciò che era accaduto. Con l'affinarsi delle tecniche sperimentali tuttavia si assistette a un cambiamento delle regole rappresentative. L'autore o gli autori erano i soli che avevano partecipato alla serie di esperimenti e quindi il loro resoconto doveva essere sempre plausibile. Il loro linguaggio doveva persuadere che le conclusioni, cui erano giunti, erano corrette e riproducibili. Si giunse pure a definire delle regole attraverso le quali gli scienziati si sfidavano a raggiungere gli stessi risultati, replicando agli esperimenti descritti. Si arrivò a definire una strategia retorica volta a costruire un'autorità personale che serviva a sostenere le asserzioni fatte (Bazerman).

Su questo terreno si confrontarono Hooke, Newton e Huygens, scrivendo a più riprese sulle pagine della *Philosophical Transactions*, criticandosi l'un l'altro, criticando i lavori, le metodologie adottate, ma in definitiva facendo progredire la fisica in generale, l'ottica e le teorie sul colore in particolare.

Va subito detto che gran parte del merito fu del direttore della *Philosophical Transactions*, Henry Oldemburg. Egli era chi riceveva e pubblicava le lettere e gli articoli, placava gli animi e garantiva che il dibattito proseguisse e si arricchisse.

Nello spirito di Francesco Bacon e nel motto della Royal Society, "Nullius in Verba", c'era ben di più di un puro esercizio verbale, c'era anche azione e sperimentazione.

In questo contesto va collocata la figura di Robert Hooke (1635-1703) che fu curatore a lungo degli esperimenti della Royal Society. La sua opera principale, *Micrographia*, del 1665, trattava di diverse discipline tra cui la fisica e la fisiologia, dimostrando l'eclettismo di cui era dotato. Il microscopio era stato inventato circa trent'anni prima della sua nascita ed era diventato famoso grazie ai lavori di

Marcello Malpighi nel 1661. Questi aveva dimostrato l'esistenza dei capillari sui polmoni delle rane e aveva aperto, in campo medico, un nuovo capitolo sulla teoria della circolazione del sangue.

Hooke usò il microscopio per studiare i cristalli di ghiaccio dando un primo contributo alla discussione sulla struttura atomica. Egli dimostrò che il microscopio rilevava un'organizzazione della natura che era tanto vasta quanto quella che era stata rilevata dal telescopio. Fino allora i filosofi avevano speculato sulla vastità dell'universo, ma non avevano nessuna idea concreta sulla natura del microcosmo.

Gli atomisti avevano congetturato sull'esistenza di minuscole particelle indivisibili che componevano la materia, ma era pur sempre un'asserzione filosofica che sembrava non avesse nessuna possibilità di essere verificata sperimentalmente. Quando apparve *Micrographia*, il suo impatto fu sensazionale perché non solo forniva un insieme di dati nuovi, mai visti, ma mostrava anche che si potevano fare degli esperimenti nuovi che avrebbero aperto le porte al mondo non visibile.

Micrographia era scritto in stile semplice in modo da poter essere letto anche da chi leggeva Shakespeare o la Bibbia. Inoltre il libro era arricchito di cinquantotto bellissime immagini degli oggetti visti al microscopio. La capacità artistica di Hooke, che qualcuno paragonò a quella di Leonardo, era tale che egli era in grado di fissare con grande forza, sulle sue incisioni, la bellezza delle sue scoperte. *Micrographia* apriva una nuova prospettiva su un mondo microscopico che sarebbe stato esplorato sempre più in profondità nei secoli successivi.

Keplero aveva definito, nel *Dioptrique*, la luce come quel qualcosa che si sposta da un punto a un altro. Anche Cartesio (1596-1650) aveva aperto una discussione sulla natura della luce. Per lui, il mezzo interposto tra il Sole e gli oggetti trasmetteva il moto luminoso in modo da produrre un'azione che giungeva agli occhi ed era registrato dal cervello. L'azione del Sole sul mezzo interposto era istantanea e i colori nascevano per effetto di quest'azione. Questo mezzo responsabile della trasmissione di queste azioni era una sostanza estremamente sottile che riempiva i fori che ci sono tra le particelle della materia primitiva. Tali fori erano i responsabili delle proprietà chimiche delle sostanze. Questa trasmissione era rettilinea e non era disturbata dalle particelle di materia. La luce convergeva per un effetto di rifrazione e la riflessione era dovuta a un rimbalzo della luce sugli oggetti impenetrabili.

Questa costruzione, che possiamo considerare astratta, divenne realistica con Christian Huygens (1629-1695). Nel 1650 Huygens aveva costruito le prime lenti nel suo laboratorio di casa. Lo affascinavano non solo la pratica, ma anche la teoria delle lenti, e assieme al fratello Constantijn aveva costruito un telescopio e un microscopio. Egli conosceva i lavori di Keplero e sapeva che il potere d'ingrandimento di un telescopio dipendeva dal rapporto tra le distanze focali delle lenti. Nel 1665 Huygens aveva scoperto, usando un telescopio rifrattore da lui stesso costruito, che Saturno aveva un satellite, che lui chiamò semplicemente *Luna Saturni*. Il nome Titano fu suggerito per la prima volta da John Herschel nel 1847.

Inoltre, propose che Saturno fosse circondato da un anello solido, confermando quanto aveva trovato Galileo nel 1610, cioè che Saturno presentava delle protuberanze ai lati che col suo telescopio non era però stato in grado di risolvere (ma nel 1612 non li vide più – erano di taglio – e ne rimase molto perplesso e turbato).

Nella terza lettera a Marco Velseri sulle macchie solari, del I dicembre 1612 Galileo scrisse:

> ... forse si sono consumate le due minor stelle, al modo delle macchie solari? forse sono sparite e repentinamente fuggite? forse Saturno si ha divorato i propri figli? o pure è stata illusione e fraude l'apparenza con la quale i cristalli hanno per tanto tempo ingannato me con tanti altri che meco molte volte gli osservarono?

Dal 1653 al 1685 Huygens lavora al *Dioptrica*, suddivisa in tre parti. La prima riguarda i principi generali della rifrazione, la seconda tratta delle aberrazioni cromatiche, mentre la terza parte è dedicata alle applicazioni: la costruzione dei telescopi e dei microscopi. Il suo lavoro spazia dalle aberrazioni sferiche a quelle cromatiche e mette le basi della moderna teoria ottica. Lavora sui telescopi in modo da minimizzarne gli effetti spuri, introducendo nuovi tipi di oculari.

Fino allora la matematica degli specchi era quella sviluppata da Archimede. Huygens introdusse, invece, una nuova matematica delle lenti, ma il suo procedimento era molto lungo e complesso.

Solo con l'introduzione del metodo di calcolo differenziale di Newton e di Leibniz, il calcolo delle ottiche si semplificò notevolmente, diventando più agevole. Il suo *Traité de la Lumière* ebbe la forma definitiva a Parigi, quando egli fu eletto socio della Académie Royale des Sciences. Ma *Dioptrica* fu ritardato dalla pubblicazione su *Phylosophical Transactions*, dalla pubblicazione della *New theory about light and colors* di Newton e dalla dimostrazione fatta da Ole Roemer sulla finitezza della luce durante una sessione della Académie Royale des Sciences.

Huygens fu uno dei primi ad accettare i risultati di Roemer tanto da incorporare questa scoperta nel suo *Traité de la Lumière* (Huygens, Ronchi). Non si limitò solo a questa scoperta, ma incorporò nel suo libro anche i concetti di Hooke sulla natura ondulatoria della luce. Per Huygens la luce si propagava in modo rettilineo e le leggi cui far riferimento erano quelle della rifrazione e della riflessione e quelle scoperte da Snell.

Willebrord Snel van Royen, detto Snellius o Snell (1580-1626), descrisse le regole della rifrazione di un raggio luminoso nella transizione tra due mezzi con indice di rifrazione diverso. In realtà la legge era stata documentata per la prima volta in un manoscritto scritto intorno al 984 dal matematico arabo Ibn Sahl che la usò per ottenere i profili delle lenti asferiche (lenti che mettono a fuoco la luce senza introdurre aberrazioni geometriche). Lo stesso fenomeno era stato riscoperto di nuovo da Thomas Harriot nel 1602, che però non pubblicò il suo lavoro. Nel 1621 il fenomeno fu scoperto ancora una volta da Willebrord Snell, il quale lo descrisse in una forma matematicamente equivalente, ma rimase inedito fino alla sua morte finché non fu pubblicata da Huygens nel *Dioptrica*. Cartesio derivò indipendentemente la legge, in termini di funzioni sinusoidali, nel suo trattato *Discorso sul metodo* del 1637 e la usò per risolvere diversi problemi di ottica.

Secondo Huygens la luce si propagava per effetto del moto di una certa sostanza sottile, eterea. Contrariamente a quanto pensavano gli atomisti, per lui la luce non poteva consistere di un corpuscolo. Aveva un'origine meccanica e si propagava in analogia con il moto che si produce quando si getta un sasso in acqua che provoca delle onde sulla superficie che si propagano meccanicamente. La luce si comportava allo stesso modo e aveva velocità finita, come aveva dimostrato Roemer.

Difatti le misure effettuate da Ole Roemer (1644-1710) avevano indicato che la luce si propagava a una velocità di 208.055 km al secondo, cioè seicentomila volte più veloce del suono. Il fatto che la luce si propagasse anche nel vuoto prodotto dalla pompa ad aria, quella di Boyle, dimostrava che le particelle erano trasmesse attraverso un mezzo, l'etere, assai più sottile di quello che trasportava il suono.

Huygens non pretendeva di essere originale, tuttavia nel rielaborare la teoria ondulatoria di Hooke aggiunse un elemento essenziale per capire la luce: l'emissione luminosa. L'emissione avviene attraverso dei punti che diventano dei fronti d'onda che, a loro volta, producono altri fronti d'onda e così via, facendo sì che la propagazione dell'onda diverga sfericamente. I raggi perpendicolari al piano tangente il fronte d'onda producono riflessione, rifrazione semplice e doppia e si propagano con un ritardo temporale. Tuttavia il *Traité de la Lumière* cadde nel dimenticatoio appena fu pubblicato nel 1704 il trattato di Newton intitolato *Ottica*.

Newton aveva ripreso la teoria corpuscolare degli atomisti e aveva enunciato che la luce era fatta di molecole composte di aggregazioni di atomi, che si muovevano sotto l'influsso di tutte le forze, incluse quelle gravitazionali. Le differenze di colore erano dovute alle differenti masse e dimensioni molecolari. La riflessione e la rifrazione erano la conseguenza di repulsioni e attrazioni di corta distanza tra le interfacce delle molecole della luce e quelle della materia. La dispersione era la conseguenza della differente massa nelle molecole cromofore, quelle che portavano la luce.

Il modello di Newton, soprattutto quello riferito alla teoria del colore, era convincente poiché l'esperimento che era stato fatto era bello e semplice. Inoltre Newton era diventato importante perché aveva già spiegato la gravitazione che era stata splendidamente verificata da Halley quando la cometa vista nel 1705 ritornò, come previsto nel 1758. Newton, quindi, aveva una reputazione in campo scientifico essai elevata.

L'esperimento di Huygens sulla doppia rifrazione fu completamente ignorato da Newton che ne diede pure un'interpretazione erronea. Si deve a Thomas Young se all'inizio dell'Ottocento si scoprirono le ragioni fisiche di questo misterioso fenomeno: le due forme di diffrazione costruttiva e distruttiva e gli anelli di Newton. Questi fenomeni furono spiegati utilizzando la teoria di Huygens. Se la luce era considerata un'onda, essa poteva interferire con un'altra onda in modo costruttivo o distruttivo. Inoltre la teoria corpuscolare di Newton era stata negata da Wollaston che aveva dimostrato che la teoria newtoniana non era così convincente come quella di Huygens. Insomma una rivincita a posteriori.

Nel 1814 Fresnel, utilizzando il principio di Huygens applicato a una luce monocromatica coerente, aveva spiegato come si potevano generare cerchi scuri e luminosi per effetto della diffrazione. Anche la generazione di luce polarizzata per riflessione poteva essere spiegata, con il principio di Huygens, in termini di assorbimento di una delle componenti luminose da parte della superficie riflettente stessa.

La teoria di Huygens, che era caduta nell'oblio fino al XIX secolo, era ora rinnovata da Fresnel dando luogo a quella teoria ondulatoria di Fresnel-Huygens che avrebbe avuto grande parte nello sviluppo delle moderne teorie sulla luce.

I colori primari e Newton

Nel 1669 Isaac Newton (1642-1727) diventava professore di matematica alla cattedra Lucasiana. Il professore Lucasiano è il titolare della cattedra Lucasiana di matematica (Lucasian Chair of Mathematics) presso l'Università di Cambridge. Tale cattedra fu fondata nel 1663 da Henry Lucas e ratificata ufficialmente da Carlo II d'Inghilterra il 18 gennaio 1664. Nel 1672 Newton pubblicava *New theories about light and colors* sulle pagine di quella rivista che era divenuta il punto di riferimento scientifico dell'epoca: la *Philosophical Transactions*. In quest'articolo egli descriveva parecchi esperimenti tra cui quello classico, in cui un fascio di luce solare rifratto da un prisma di vetro di sezione triangolare produceva uno spettro di colori sul muro. Newton aveva dedotto la sua teoria dalla forma del fascio solare che era proiettato sul muro e che era oblungo e non circolare come l'originale fascio solare. I parametri descrittivi non erano la distribuzione continua dei colori e la loro collocazione spaziale, ma la forma e la dimensione delle immagini come è riportato in Fig. 14a.

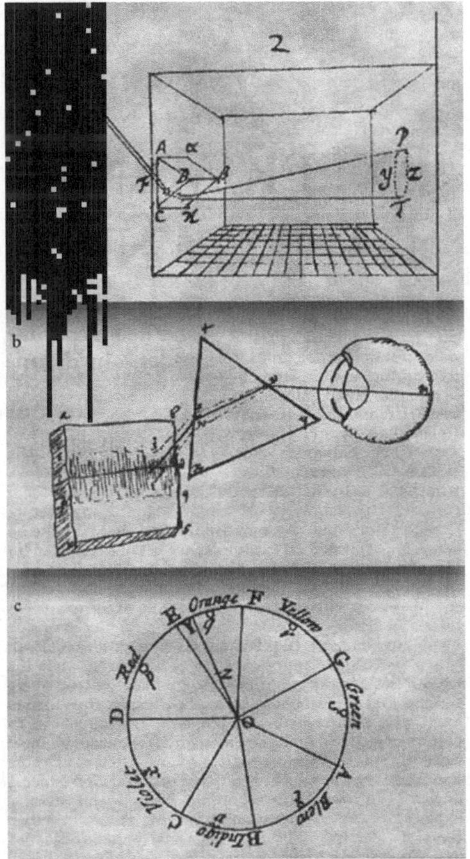

Fig. 14. *Disegni fatti da Newton (Fonte Add 4002 Cambridge University Library, CUL). I disegni illustrano i suoi studi sul colore.* ***a****: un fascio di luce solare circolare viene rifratto da un prisma che produce un'immagine oblunga;* ***b****: al bordo di due campi di colore dipinti su di un cartoncino si osservano delle frange di colore (Fonte Add. 3996, CUL);* ***c****: il circolo dei colori di Newton. Le dimensioni delle sette sezioni di colore sono proporzionali agli intervalli della scala musicale diatonica. Sulla base degli esperimenti fatti, Newton concludeva che ciascun colore dello spettro aveva il suo grado di rifrangibilità e che i colori potevano essere semplici o composti. Il circolo contiene un "centro di gravità", indicato con z, che è ottenuto mescolando tutti i colori. Il suo azimuth fornisce il colore della mistura mentre il suo raggio ne indica la saturazione. Le aree delle zone contrassegnate con p, q, r, s, t, v e x sono proporzionali al "numero di raggi" di ciascun colore della mistura. Non è chiaro come Newton definisse il numero di raggi di ciascun colore. Egli stesso ammetteva che non era in grado di generare il bianco da due colori, sebbene il suo schema lo permettesse. Newton tuttavia sembrava non preoccuparsene in quanto considerava il problema una "curiosità di poco conto per capire i Fenomeni della Natura"*

Non stupisca questo modo di vedere le cose. Newton in una nota non pubblicata, intitolata *Quaestiones quaedam Philosophicae*, scriveva che la spiegazione del fenomeno del colore risiedeva piuttosto nella teoria della modificazione che nella teoria della separazione dei raggi. A quel tempo il concetto di raggio luminoso era associato a un ben preciso grado di rifrangibilità. Il colore era dovuto a una qualche modificazione della luce durante la rifrazione, o mescolandosi con l'ombra come voleva Cartesio oppure, secondo l'idea che aveva in mente Newton, mediante un rallentamento frizionale della velocità di rotazione dei corpuscoli di luce. Se Newton era effettivamente sorpreso dalla forma dello spettro luminoso, era perché era ancora influenzato dalle teorie correnti che in un qualche modo l'avevano fuorviato dal lavorare ulteriormente sugli effetti geometrici dell'esperimento.

Secondo Newton, per effetto della teoria della rifrazione si sarebbe dovuta originare un'immagine circolare eguale a quella prodotta dalla luce solare che usciva dal foro sul muro che egli aveva prodotto e usato per il suo esperimento. Newton pensava che ci fossero almeno quattro spiegazioni per questa deviazione. La prima era che l'immagine era oblunga per effetto dei vari spessori del vetro o delle interazioni con l'ombra. La seconda poteva essere dovuta a un'irregolarità del vetro del prisma. La terza era dovuta alla differente incidenza dei raggi che venivano da parti differenti del Sole. La quarta era la possibilità che i raggi, dopo aver attraversato il prisma, si muovessero per traiettorie curve.

Alcuni anni dopo l'uscita di *New theories*, Newton invia alla Royal Society una nuova memoria sui colori delle lamine sottili e sulla diffrazione, cioè sul riflettersi della luce lungo il filo del rasoio. Inoltre, per risolvere il problema dell'aberrazione cromatica dei telescopi, introduceva il telescopio a riflessione basato su una geometria che ancor oggi porta il suo nome: il telescopio newtoniano.

Newton ascriveva ai suoi esperimenti un potere molto dimostrativo: la sua teoria non era un'ipotesi, ma una rigida conseguenza dedotta dagli esperimenti.

Nondimeno le *Quaestiones*, di cui sopra, rivelano l'esistenza d'ipotesi preesistenti. In esse Newton riporta che, quando guardava attraverso un prisma verso un cartoncino, con le sue due metà dipinte con diversi colori, egli vedeva lungo i bordi tra le due metà delle frange colorate (Fig. 14b). Newton variava i colori delle due metà del cartoncino e annotava in una tavola i colori delle frange risultanti. Questi fenomeni erano da lui attribuiti alla diversa velocità dei "globuli luminosi" che causavano differenti sensazioni coloristiche. Probabilmente Newton aveva in mente una certa teoria corpuscolare della luce che lo guidava a disegnare l'esperimento e a concettualizzarne i risultati. Per esempio, l'ipotesi corpuscolare implicava che i raggi più veloci fossero meno rifratti dal prisma che non quelli più lenti, perché erano esposti per un tempo più corto all'influenza del prisma. In realtà Newton non era molto interessato ai colori che egli considerava come un indicatore delle proprietà più o meno astratte e matematizzabili dei raggi luminosi.

Nel libro *Ottica*, in un paragrafo, tratta specificatamente del colore, proponendo una procedura geometrica per determinare il colore composto che deriva dal rimescolamento dei colori primari. A questo proposito Newton sviluppa una ruota dei colori che è basata sugli intervalli della scala musicale diatonica ed è suddivisa in sette aree: rosso, arancio, giallo, verde, blu, indaco e violetto (Fig. 14c). Queste aree sono proporzionali al numero di raggi di luce di ciascun colore che produce quella mistura. Il disco conteneva un centro di gravità spostato rispetto al centro della ruota, che era quello che risultava dal calcolo della mistura di colore. L'azimuth del disco prediceva i colori della mistura, mentre il raggio del disco rappresentava la saturazione. Tuttavia Newton non ci ha lasciato scritto come avesse definito il numero di raggi di luce di ciascuno dei colori composti e come si potesse ottenere il bianco con due colori, anche se ammetteva che fosse possibile.

Anche Cartesio aveva introdotto il concetto che i colori fossero dovuti alla presenza di "globuli eterei" che variavano il loro colore con la rotazione, producendo i colori elementari. Per Cartesio questi colori primari erano: il rosso, il giallo, l'azzurro, mentre gli altri erano prodotti attraverso la combinazione di questi.

Il linguaggio di Newton descriveva ciò che egli faceva e le sue scoperte in modo da farle apparire come dei fatti concreti. La sua narrazione era strettamente collegata al suo pensiero personale tanto che l'esperimento principale diviene lo "Experimentum crucis".

Carl Popper definisce questo tipo di esperimento come quello in cui la teoria domina il lavoro sperimentale sin dallo stadio di pianificazione iniziale fino ai ritocchi finali in laboratorio.

Lo "Esperimentum crucis" di Newton era un esperimento teso a dimostrare e a verificare le teorie che aveva in mente. Il suo approccio metodologico basato su *rationes et experimenta*, in primo luogo, si ritrova nelle sue *Lezioni di ottica*, dove Newton rivede i dettagli dell'ottica geometrica perché non ancora completa e cerca di matematizzare i colori che fino allora erano puramente astratti.

A quel tempo i colori erano considerati un'emanazione dei corpi colorati che producevano una sensazione corrispondente nell'occhio, mentre la luce era trattata in modo geometrico e matematico, anche se limitatamente alla propagazione rettilinea. La natura della luce era controversa: non si sapeva se era un evento senza deliberata causa o viceversa era una forma sostanziale. Il dibattito tra i diversi studiosi non aveva risolto la questione.

Nonostante esistessero queste diatribe, altri studiosi avevano fatto degli esperimenti con un prisma e una candela, come Joannes Marcus Marci (1595-1667) di Kronland. Egli aveva anticipato le tesi di Newton, proponendo di studiare i colori dal punto di vista fisico, osservando che la luce si trasforma in colore dopo rifrazione per riflessione su oggetti colorati. Nel suo libro *Thaumantias arcu caelesti* del 1648 egli aveva studiato il fenomeno dell'arcobaleno assimilando i colori visti a quelli che si hanno quando la luce passa attraverso un prisma. Tuttavia la sua spiegazione risentiva ancora della tradizione medioevale, per cui i colori prodotti durante la rifrazione riguardavano l'intensità luminosa del fascio. Per questo il giallo e il verde si vedevano là dove il fascio era più intenso, mentre il rosso e il violetto erano una transizione verso il nero dell'oscurità.

Tra gli altri che avevano fatto degli esperimenti sui colori c'era Francesco Maria Grimaldi (1618-1663) che era contro le teorie atomistiche e sosteneva che "i colori non avevano un'esistenza propria, altro non essendo che modificazioni intrinseche della luce" (Grimaldi). Nel suo primo libro *De lumine* osserva che un raggio di luce, passando attraverso un vetro rosso, si tinge di rosso, non perché il rosso del vetro si vada ad aggiungere alla luce, ma perché si ha una modificazione interna di natura ondulatoria.

La vera differenza che Newton introduce rispetto agli altri studiosi è quella che l'origine del colore è strettamente collegata ai gradi di rifrazione della luce. In tal modo i colori sono concepiti come misture ben precise e non sono "qualificazioni della luce dovute alla rifrazione o alla riflessione" da oggetti colorati, ma hanno proprietà originali e innate, diverse per i diversi raggi luminosi (Newton). Al medesimo grado di rifrangibilità appartiene il medesimo colore e viceversa. Ci sono due tipi di colore: semplici e composti. Il bianco contiene tutti i colori perché la luce è un aggregato confuso di tutti i generi di colore.

Il salto paradigmatico è notevole: ciò che le teorie precedenti avevano detto era falso. I colori erano una qualità della luce per cui l'ottica si può trattare non solo dal punto di vista geometrico, ma anche fisico. Come conseguenza della possibilità di dividere la luce nei suoi componenti colorati ne deriva che la luce ha una struttura corpuscolare.

Come molti suoi contemporanei Newton crede sia nel meccanicismo sia nella filosofia corpuscolare. Rispetto agli atomisti egli introduce il concetto di uniformità della materia perché, per lui, un sistema meccanico era costituito da particelle aventi tutte le stesse proprietà. Insomma innova sia i concetti dei meccanicisti sia quello degli atomisti, perché se un sistema ha certe proprietà, anche le sue particelle hanno per analogia le stesse proprietà, come si può leggere nei *Principia*.

Proprio guardando ai primi libri dei *Principia*, essenzialmente dedicati alla matematica, si vede come i *corpuscoli del colore* siano già ipotizzati come una rappresentazione matematica.

Finalmente nel 1704 fu pubblicato il suo libro *Ottica*, rinviato più volte, anche se il libro era già pronto nell'aprile del 1695. In esso Newton raccoglie i suoi scritti sull'ottica, e l'introduzione al primo libro contiene anche alcuni teoremi sul calcolo infinitesimale. Questi erano già stati affidati a tre redazioni precedenti. Il *De analisi per aequationes numero terminorum infinitas* fu composto nel 1669 ma pubblicato solo nel 1711. Nel *Methodus fluxionum et serierum infinitarum* compare la terminologia e la notazione tipica delle flussioni; fu redatto nel 1671 e pubblicato nel 1742. Nel *De quadratura curvarum* si trova il metodo sulle quadrature che avranno grande importanza nel calcolo differenziale.

In questi due ultimi trattati Newton introduce il concetto della flussione e del fluente. La flussione è la velocità con cui variano i fluenti, cioè quelle grandezze che hanno capacità di variare con continuità, come le aree, le lunghezze, i volumi, le distanze, le temperature, etc. La flussione fu indicata con un puntino al di sopra della variabile fluente, in ciò precedendo di dieci anni il metodo delle derivate di Leibniz.

L'idea delle flussioni o coefficienti differenziali è veramente semplice. Quando due quantità, per esempio il raggio e il volume della sfera, sono così strettamente correlate che a un cambio dell'una corrisponde un cambio dell'altra, si dice che sono una funzione l'una dell'altra. Il rapporto delle velocità con cui esse cambiano è detto il coefficiente differenziale o flussione di una rispetto all'altra e il processo per cui questo processo è determinato è noto come differenziazione.

Gottfried Leibniz (1646-1716) in *Nova methodus pro maximis et minimis, itemque tangentibus, qua nec irrationales quantitates moratur* (Nuovo metodo per trovare i massimi e i minimi, e anche le tangenti, non ostacolato da quantità irrazionali) del 1684 espone un metodo generale per trovare i massimi e i minimi e per tracciare le tangenti alle curve. Leibniz introduce il differenziale come incremento infinitesimo e definisce la derivata come il rapporto fra il differenziale della funzione e il differenziale della variabile indipendente, vale a dire il rapporto tra l'incremento infinitesimo dell'ordinata e l'incremento infinitesimo dell'ascissa del punto mobile sulla curva. Scrive Castelnuovo:

> Sottolineiamo che, a una prima lettura, l'introduzione che Leibniz dà del differenziale e della derivata può apparire viziata di circolo: egli infatti innanzitutto definisce il differenziale di [una funzione] sulla base del coefficiente angolare della retta tangente al grafico (dunque della derivata prima); quindi fornisce, senza dimostrazione, un elenco di regole di derivazione affermando: la dimostrazione di tutte le regole esposte sarà facile per chi è versato in questi studi (Leibniz).

Solo successivamente egli fa riferimento all'interpretazione geometrica della derivata e afferma che essa può essere utilizzata per ottenersi i massimi e i minimi, come pure le tangenti.

La distinzione fondamentale fra l'opera dei due grandi matematici consiste nel fatto che Newton usava gli incrementi infinitamente piccoli di *x* e di *y* come mezzo per determinare la flussione o derivata, che era essenzialmente il limite del rapporto degli incrementi quando essi diventavano sempre più piccoli. Leibniz, invece, maneggiava direttamente gli incrementi infinitamente piccoli di x e di y, cioè i differenziali, e ne determinava le relazioni.

Per meglio comprendere la differenza tra i due, Newton era più attento alle questioni di dinamica e in genere del moto, mentre Leibniz considerava le grandezze come composte di parti infinitesime. Il primo considerava le variabili dinamiche come variabili in funzione del tempo e utilizzava pertanto gli incrementi infinitamente piccoli dello spazio bidimensionale come mezzo per determinarne a ogni istante il modo con cui esse fluivano, intendendo con questo il modo con cui variavano nel tempo e quindi definendo implicitamente il concetto di derivata. In definitiva la flussione non era altro che il limite del rapporto degli incrementi quando questi diventavano sempre più piccoli. Tale procedimento era poi applicato al calcolo di aree delimitate da linee curve in un diagramma cartesiano bidimensionale. Questa analisi rifletteva l'atteggiamento da fisico di Newton, per il quale, per esempio, era d'importanza fondamentale comprendere un concetto complesso come quello della velocità. Viceversa Leibniz partiva da un atteggiamento filosofico nel quale le monadi venivano assunte come particelle elementari di materia. Nel 1714 Leibniz scrisse in francese due brevi "sommari" nei quali sintetizzava i punti essenziali della propria filosofia: *Princìpi della Natura e della Grazia fondati sulla ragione* e *I princìpi della filosofia o Monadologia*. Il titolo *Monadologia* non è di Leibniz ma fu aggiunto dal traduttore tedesco (Castelnuovo). Entrambi gli scritti furono pubblicati postumi nel 1718 e nel 1720. Essi si aprivano con la definizione della *monade*, cioè della sostanza semplice costitutiva di tutte le cose. La sostanza è un essere capace di azione. Essa è semplice o composta. La sostanza semplice è quella che non ha parti. La sostanza composta è l'unione delle sostanze semplici o delle monadi. *Monáda* (da *monos*) è un termine greco, che significa unità, o ciò che è uno.

Newton generalizzò le idee sul calcolo infinitesimale, già *in nuce* nei matematici che lo avevano preceduto, anticipando a grandi linee Leibniz. Tra i due intercorse anche un rapporto epistolare, seppur mediato da Oldemburg. Entrambi, pur riconoscendo il valore dell'altro, rimasero sulle loro posizioni, in quanto partivano da presupposti differenti e da discipline diverse. Newton e Leibniz, tuttavia, condividono il merito per aver individuato nel calcolo infinitesimale un nuovo metodo generale applicabile a molti tipi di funzioni. Questo metodo era tale che diede origine non più a una semplice appendice della geometria greca, bensì a una scienza indipendente e capace di affrontare una gamma molto estesa di problemi. Inoltre essi hanno anche il merito di aver utilizzato l'aritmetica nel calcolo, edificandolo su concetti algebrici, con una rivoluzione paragonabile a quella portata da Cartesio e Fermat in geometria. Il loro lavoro riduceva ai concetti di differenziazione e integrazione i quattro problemi fondamentali, e allora ancora irrisolti, della matematica seicentesca: il tasso di variazione, le tangenti, i massimi e minimi e la sommazione.

A questo punto, che si usi il procedimento di Newton o quello di Leibniz, si possono misurare delle aree e dei volumi di figure complesse utilizzando il concetto di differenziazione. Il metodo di Newton delle quadrature di curve e volumi si può ricondurre al concetto di integrazione, ma l'attuale notazione si deve a Leibniz che introdusse il segno dell'integrale $\int$, che rappresenta una S allungata (dal latino *summa*), e la d usata per definire le derivate (dal latino *differentia*).

La storia della matematica degli infinitesimi era stata anticipata da Bonaventura Cavalieri (1598-1647) che spinto da Galileo aveva pubblicato nel 1635 la sua *Geometria degli indivisibili*. In essa egli asseriva che se due solidi erano compresi tra due piani paralleli (ovvero hanno uguale altezza) e se le sezioni tagliate da piani paralleli alle basi e ugualmente distanti da queste stanno sempre in un fissato rapporto, allora anche i volumi di tali solidi stanno in tale rapporto. Cavalieri considerava un'area come costituita da un numero indefinito di segmenti paralleli equidistanti, e un volume come composto da un numero indefinito di aree piane parallele. Questi elementi sono detti rispettivamente indivisibili di area e di volume. La somma di questi indivisibili permetteva di determinare aree e volumi risolvendo tutti quei problemi che non si potevano risolvere con i metodi fino allora usati.

Il germe di questa concezione sembra che fosse stato suggerito dai teoremi di Euclide (o piuttosto di Eudosso) sul rapporto dei volumi di piramidi aventi la stessa altezza. Archimede aveva già descritto il principio usato da Cavalieri nel *Metodo sui teoremi meccanici*, che però fu ritrovato a Costantinopoli dallo studioso Heiberg solamente nel 1906. Per questa ragione possiamo pertanto escludere che esso abbia influenzato direttamente Cavalieri. Anche Keplero aveva dimostrato che i volumi di un cilindro e del parallelepipedo circoscritto stavano tra di loro come le basi. Il principio degli indivisibili fu applicato da Evangelista Torricelli, anch'egli allievo di Galilei, in un libro edito nel 1641 dal titolo *Operazione di derivazione quale inversa dell'integrazione.* Torricelli condusse i propri studi nell'ambito della fisica e in particolare della meccanica e delle leggi del moto riguardanti la velocità, ma è maggiormente noto per i suoi studi sulla pressione atmosferica.

Il metodo differenziale di Newton e di Leibniz è alla base del calcolo delle lenti, e i moderni codici di calcolo lo sfruttano appieno.

Con la traduzione di *Ottica* in latino nel 1706 il libro ottenne una straordinaria diffusione sul continente europeo. In *Ottica*, tuttavia, ci sono due posizioni, una riprende il concetto che l'ottica è una speculazione più matematica che naturalistica, nell'altra, contenuta nelle *Quaestiones*, egli fa un discorso fisico occupandosi della struttura della materia, ricercandone le cause e le ragioni fisiche. *Ottica* è basata sul concetto di ragionamento e sull'esperimento piuttosto che sulle cause, con un profondo uso del concetto induttivo, matematico, capace di circoscrivere i concetti da trattare (Sabra). Questi concetti permettono di introdurre il principio di analogia tra argomenti che sono tra di loro lontani. Il concetto di massa introdurrà il concetto di mole che permetterà di misurare con la bilancia la quantità di materia necessaria a fare un composto chimico. Con la sua definizione, una mole di una sostanza chimica (elemento o composto) è pari alla quantità di tale sostanza la cui massa, espressa in grammi, coincide numericamente con il valore della massa atomica o molecolare della sostanza stessa.

Dopo la morte di Hooke nel 1703, Newton fu nominato presidente della Royal Society e fu rieletto anno dopo anno fino alla sua morte.

La transizione tra Ottocento e Novecento

La misura della velocità della luce

Nel 1676 Ole Roemer (1644-1710) faceva la prima misura quantitativa della velocità della luce. Questa scoperta cancellava definitivamente l'ipotesi che la luce avesse una velocità infinita e implicitamente che dovesse esser trattata come un concetto metafisico.

La misura della velocità della luce nacque per seconda intenzione, perché la domanda iniziale era quella di determinare la longitudine di una nave in mare aperto. Il problema era stato posto dal re Filippo II di Spagna, e vari scienziati avevano cercato di risolvere la questione. Tra questi Galileo, che aveva proposto di misurare l'ora e la longitudine della nave basandosi sui tempi dell'eclisse dei satelliti di Giove. Ma il metodo era poco pratico, innanzi tutto per la mancanza di orologi precisi, che furono introdotti nel Settecento e, in secondo luogo, per le difficoltà di misurare un'eclisse da una nave.

La proposta di Galileo ebbe un tale risalto che sia Cassini (1625-1712) nel suo Osservatorio di Parigi, sia Roemer all'Osservatorio di Uraniborg sull'isola di Hven, a 5 chilometri dalla costa svedese, si misero a osservare le eclissi della luna di Giove, Io, da due differenti longitudini.

Quando Roemer divenne assistente di Cassini, essi unirono i loro sforzi e scoprirono che i tempi tra le eclissi diventavano più brevi quando la Terra si avvicinava a Giove e più lunghi quando si allontanava. Roemer stimò che il tempo impiegato dalla luce per percorrere il diametro dell'orbita terrestre, una distanza di due unità astronomiche, fosse di circa 22 minuti. Purtroppo Roemer non aveva una misura accurata dell'unità astronomica[1] e quindi non fu in grado di fornire un valore accurato della velocità della luce. La sua scoperta fu presentata alla Académie Royale des Sciences e più tardi pubblicata con il titolo *Demonstration touchant le mouvement de la lumière trouvé par M. Roemer de l'Académie des Sciences.*

La scoperta fu soggetta a parecchie critiche finché Bardley, nel 1728, osservò che l'aberrazione della luce stellare, ovvero lo spostamento apparente delle stelle sulla volta celeste, era dovuta al moto di rivoluzione della Terra e alla velocità finita della luce. Nel 1809 Jean Baptiste Delambre (1749-1822) calcolò che il tempo impiegato dalla luce per viaggiare dal Sole alla Terra era di 8 minuti e 12 secondi. In base al valore assunto per definire l'unità astronomica, la velocità della luce si aggirava attorno a 300.000 km al secondo.

Bisogna arrivare a Hippolyte Fizeau (1819-1896) che, realizzando un dispositivo a specchi e un disco dentato, ottenne una velocità di 315.000 km al secondo, superiore di circa il 5% rispetto al valore oggi accettato. Egli dimostrò anche l'applicabilità dell'effetto Doppler per le onde luminose, dimostrando che, se una sorgente luminosa si allontana, c'è uno spostamento verso il rosso, mentre se si avvicina si osserva uno spostamento verso il blu.

L'effetto Doppler è un cambiamento apparente della frequenza di un'onda percepita da un osservatore che si trova in movimento rispetto alla sorgente delle onde stesse. L'effetto fu analizzato per la prima volta da Christian Andreas Doppler (1803-1853) nel 1845, che verificò la sua ipotesi in un famoso esperimento. Doppler si era piazzato accanto ai binari della ferrovia e aveva ascoltato il suono proveniente da un vagone pieno di musicisti, assoldati per l'occasione, mentre si avvicinava e poi mentre si allontanava. Quando l'origine del suono si avvicinava, l'altezza del suono era superiore a quanto previsto, mentre era inferiore quando si allontanava.

---

[1] In astronomia l'unità astronomica (U.A. o semplicemente UA) è un'unità di misura pari circa alla distanza media tra la Terra e il Sole, pari a 149.597.870,691 km.

L'esplorazione sperimentale

Il grande lavoro fatto da Newton sia nel settore della meccanica sia sull'ottica permeò l'intero Ottocento. La sua teoria corpuscolare divenne il punto di riferimento dell'ottica. Questa teoria non solo era funzionale all'impianto della gravitazione universale, ma spiegava anche i colori, benché ci fossero dei punti ancora oscuri.

C'erano, tuttavia, degli oppositori, non solo all'interno della Royal Society, come Hooke, ma anche al di fuori, come Eulero (1707-1783). Eulero era un famoso matematico che aveva dimostrato come la rifrazione e la dispersione non fossero proporzionali tra di loro. Inoltre aveva dimostrato che era possibile correggere le aberrazioni delle immagini degli oggetti visti attraverso una combinazione adeguata delle lenti.

Nonostante queste opposizioni, la teoria corpuscolare di Newton si era saldamente insediata. Nasceva nel frattempo con Pierre Bouger (1698-1758) la fotometria, una tecnica dell'astronomia che riguarda la misurazione del flusso luminoso o dell'intensità della radiazione elettromagnetica di un oggetto astronomico. Il suo trattato *Essai d'optique* ebbe immediato successo e si deve a lui il più alto contributo all'ottica, dopo Newton. Con l'avvento degli strumenti per la misura della radiazione luminosa, i fondamenti sulla tecnica fotometrica sarebbero divenuti la base della futura ottica.

Bouger fu in grado di misurare la quantità di luce riflessa da una superficie brillante, così come quella diffondente o trasmessa attraverso un corpo. Il lavoro di Bouger fu di notevole importanza perché forniva per la prima volta le basi per la misura fotometrica quantitativa che dovevano poi servire a capire la natura intrinseca della luce.

Finalmente i fenomeni ottici potevano essere misurati con grande precisione e potevano essere descritti con la matematica, indipendentemente dalle ipotesi sulla natura della luce. La teoria fotometrica era in accordo con la teoria corpuscolare di Newton o ondulatoria di Huygens, perché tanto il cammino dei raggi era lo stesso. Prevaleva ancora la teoria corpuscolare, perché quella ondulatoria non era in grado di spiegare i fenomeni chimici indotti dalla luce. Inoltre anche la teoria dell'emissione luminosa era più credibile e si accordava meglio con le conoscenze fisiche legate alla teoria corpuscolare.

Queste erano le posizioni all'inizio del XIX secolo. Tuttavia c'erano degli scienziati che, pur professandosi seguaci di Newton, erano poco convinti della teoria corpuscolare. Tra di essi vi era Etienne Malus (1775-1812).

L'Académie des Sciences aveva proposto un premio per chi avesse formulato una teoria matematica della doppia rifrazione della luce che attraversava vari cristalli. Malus nel 1810 vinse il premio con un esperimento che ancor oggi porta il suo nome. Egli aveva mostrato come evitare la doppia riflessione quando la luce passava attraverso un corpo diafano come lo spato d'Islanda. Il suo esperimento dimostrò che non era necessario far passare il fascio di luce attraverso un cristallo doppio rifrangente, ma era sufficiente che fosse sottoposto a una riflessione. Difatti, se un fascio di luce viene fatto passare attraverso lo spato d'Islanda, una parte del raggio è riflesso dalla superficie rifrangente e una parte dalla superficie da cui esce. Se si fa cadere un fascio di luce su di una superficie d'acqua con un angolo di 52 gradi e 54 primi rispetto alla verticale, la luce riflessa ha tutte le caratteristiche di uno dei fasci prodotti dalla doppia riflessione di un cristallo.

La spiegazione di Malus fu che lo sciame di particelle luminose aveva un'orientazione casuale. Passando attraverso un cristallo doppio rifrangente questo sciame era sottoposto a un allineamento e assumeva una ben precisa configurazione. Per analogia con i corpi magnetici Malus suggeriva che il corpuscolo di luce fosse costituito da poli, così che egli chiamò *luce polarizzata* la luce che ha particelle tutte uniformemente orientate.

Malus tentò di identificare una relazione tra l'angolo di polarizzazione per riflessione, che aveva scoperto, e l'indice di rifrazione del materiale riflettente. Mentre la relazione per l'acqua era corretta, quella per i vetri non lo era anche perché i vetri da lui usati erano di bassa qualità.

David Brewster (1781-1868) nel 1815, rifacendo l'esperimento di Malus con vetri di alta qualità, formulò ciò che noi conosciamo come la legge che porta il suo nome. L'angolo di Brewster, anche noto come angolo di polarizzazione, è un fenomeno ottico che prende il suo nome. È un particolare angolo per cui, se un'onda incide su una superficie proprio a quell'angolo, non esiste onda riflessa.

Quando la luce passa da un mezzo a un altro mezzo che ha indice di rifrazione diverso dal primo, in genere parte dell'onda è riflessa dall'interfaccia esistente tra i mezzi. A un particolare angolo d'incidenza, che dipende dagli indici di rifrazione, la luce, con una particolare polarizzazione, non può essere riflessa. Quest'angolo di incidenza è detto "angolo di Brewster". La polarizzazione che non può essere riflessa a questo angolo è quella per cui il campo elettrico[2] dell'onda luminosa giace nello stesso piano del raggio incidente e della normale alla superficie. Quando un raggio non polarizzato colpisce una superficie all'angolo di Brewster, il raggio riflesso è sempre polarizzato.

La teoria dei colori di Goethe

È in questo periodo di transizione che si può inserire il lavoro sui colori di Joannes Wolfgang von Goethe (1749-1832). Non paia strano che un grande umanista come Goethe si dedicasse allo studio del colore. Egli era quello che noi oggi definiremmo un "amatore" di tutte le discipline che erano legate al colore. Il suo interesse nacque dopo aver visto la tradizione coloristica dei pittori rinascimentali, a seguito di un viaggio compiuto in Italia (1786-1788).

Nel suo *Contributo all'ottica* egli compie una serie di esperimenti analoghi a quelli fatti da Newton con le due metà dei cartoncini. Tuttavia Goethe, rispetto a Newton, sistematicamente variava le condizioni sperimentali, la forma, la dimensione, il colore e l'orientazione delle immagini viste, l'angolo di rifrazione del prisma e la distanza del prisma dal cartoncino. In tal modo poteva vedere come le misure erano sistematicamente influenzate dalle diverse condizioni sperimentali.

Il procedimento di Goethe era basato su una procedura analitica fatta da un insieme di esperimenti ottenuti utilizzando cinque tipi d'immagini, alcune fatte con delle losanghe bianche alternate con losanghe nere, disposte come se fossero in una scacchiera. Altre erano su cartoncini, il cui interno era un rettangolo bianco o nero, altre con immagini di spirali, altre fatte con un cartoncino nero. Queste immagini erano viste attraverso un prisma con il suo

---

2 Il concetto di campo elettrico fu introdotto più tardi da Faraday per superare le difficoltà logiche insite nel concetto di forza a distanza.

angolo di rifrazione tenuto verso il basso. Goethe osservava che, parallelamente all'asse del prisma, lungo i bordi tra il bianco e il nero delle immagini, si vedevano delle frange di colore. La Fig. 15 dimostra quale era l'approccio seguito e i risultati ottenuti.

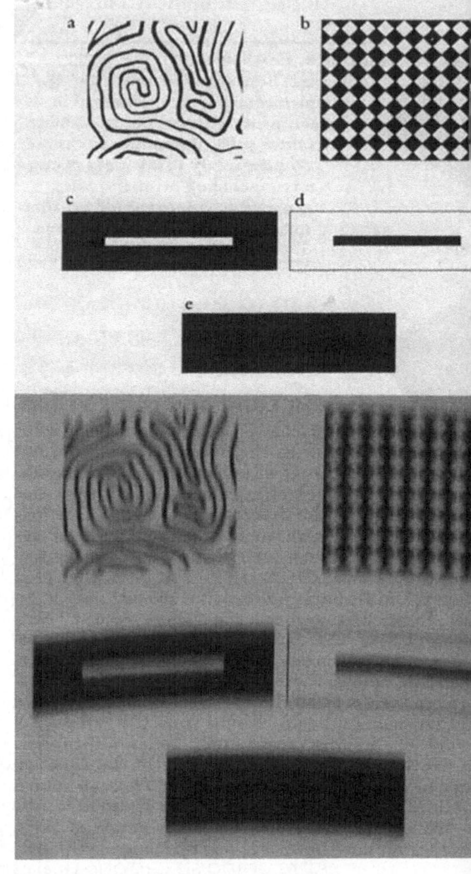

Fig. 15. ***a****: un insieme di bianco e nero irregolari mostra frange colorate che non hanno alcun ordine;* ***b****: i colori generati da una semplice scacchiera sono periodici e mostrano cambiamenti regolari appena la scacchiera è ruotata ma è ancora troppo complicato per definire una legge;* ***c****: le frange colorate generate da un rettangolo bianco dipendono dalle dimensioni del rettangolo e dalla sua distanza dal prisma. Un rettangolo molto stretto fornisce uno spettro di tre colori. Uno più grande fornisce frange i cui colori rosso, giallo, verde e blu e violetto erano consistenti con quelli trovati da Newton;* ***d****: un rettangolo nero in campo bianco fornisce delle frange di colore: blu, violetto, magenta rosso e giallo complementari a quelli ottenuti con la figura* ***c****. Il colore magenta non fa parte dello spettro ottenuta da Newton;* ***e****: i contorni di un rettangolo che può essere considerato come un sistema isolato, con contrasti bianco-nero, più ampio di quelli precedenti, fornisce frange rosse e gialle quando il nero è sopra e blu e violetto quando è sotto (Fonte Ribe e Steinle)*

Queste immagini erano interpretate da Goethe come una caratteristica elementare del colore prismatico. Da questi colori elementari si potevano ricavare tutti gli altri colori. Utilizzando dei rettangoli bianchi e neri inseriti nei cartoncini, gli esperimenti dimostravano che si producevano delle frange di colore complementare. Per esempio, il colore bianco inserito su fondo nero originava, guardando dall'alto verso il basso, il rosso e il magenta con i bordi che si toccavano, e viceversa per il rettangolo nero inserito su uno sfondo bianco. Il giallo e il blu originavano il verde, il rosso e il blu il magenta. Secondo Goethe, di fronte all'evidenza di questi esperimenti, gli spettri di Newton potevano essere derivati dalle leggi delle frange colorate. Estendendo poi gli esperimenti a quadrati con differenti tonalità di grigio su sfondi bianchi e neri, Goethe mostrava che l'intensità delle frange colorate cresceva con il contrasto luminoso lungo il contorno dell'immagine. Tuttavia questo fenomeno non si avvertiva quando si usavano sfondi colorati perché le frange colorate si mescolavano con il colore di fondo (Ribe e Steinle).

Goethe considerò questo rimescolamento come la vera spiegazione delle osservazioni di Newton. Per esempio un quadrato rosso sovrapposto a uno sfondo nero, visto attraverso un prisma, appariva spostarsi più in alto che non un quadrato blu.

Mentre Newton attribuiva il fenomeno a una differente rifrangibilità del colore, prima proposizione di *Ottica*, Goethe lo vedeva come un caso speciale della più generale legge delle frange colorate. Goethe osservava anche le ombre colorate che invece non avevano interessato Newton. Per esempio, l'ombra dovuta alla fiamma di una candela che, se vista su di uno sfondo illuminato da un raggio di Sole, appariva blu.

Goethe propose una ruota dei colori che diversamente da quella di Newton era fatta da aree uguali dove i colori opposti erano complementari e il centro del cerchio era bianco. In tal modo riusciva a ricostruire tutte le dinamiche coloristiche osservate (Ribe e Steinle).

Nella sua *Teoria dei colori* Goethe tratta, ovviamente dal suo punto di vista, tutti gli aspetti relativi al colore. Il libro fu ed è ancora controverso perché vi è chi ne riconosce un contributo alla fisiologia della visione, come vedremo in seguito, e

> ... chi, distribuendo diversamente le simpatie, menziona la parte dedicata alle azioni sensibili e morale del colore, lasciando da parte la parte che deve apparire probabilmente prosaica (Goethe).

Allo stesso tempo la sua polemica contro il lavoro fatto da Newton non risiede solo nella differenza di approccio sperimentale, ma anche nel fatto che lo sperimentatore ingloba anche i fenomeni legati alla percezione visiva che in Newton era del tutto assente.

Il suo modo empirico lo porta a riconoscere il ruolo fondamentale del colore magenta, ruolo che ancor oggi è riconosciuto fondamentale nel processo della quadricromia CMYK che è l'acronimo per Cyan, Magenta, Yellow, BlacK. Nella stampa attuale questa scelta è dovuta al fatto che si usa un procedimento di separazione dei colori per produrre tante diverse immagini quanti sono gli inchiostri usati. La scelta della lettera K per il nero, anziché la lettera B iniziale nella traduzione inglese, è stata fatta per evitare confusioni con l'iniziale del colore Blue. Nella quadricromia CMYK l'immagine corrispondente al nero è quella che contiene più dettagli e la lastra di stampa corrispondente è quindi normalmente considerata la lastra chiave, in inglese *Key plate*. L'uso della lettera K per indicare il nero si riferisce a tale lastra. I colori ottenibili con la quadricromia, in termini di sintesi sottrattiva, producono un sottoinsieme della gamma visibile. Tuttavia, non tutti i colori che vediamo possono essere realizzati con la quadricromia, così come non tutti i colori realizzati con l'insieme RGB (Red, Green, Blue). RGB sono i colori che vediamo sui nostri monitor, in termini di sintesi additiva, e hanno una corrispondenza nell'insieme CMYK.

L'approccio di Goethe non solo introduce delle novità nello studio della luce, o meglio della percezione luminosa, ma ha il pregio di guardare l'esperimento in tutte le sue sfaccettature. Newton con l'*Esperimentum crucis* utilizza un approccio orientato dalla teoria. Goethe usa un diverso approccio: la sperimentazione esplorativa che stabilisce una gerarchia sperimentale che parte dal più semplice e poi si complica sempre di più.

La sperimentazione esplorativa era stata per tanto tempo trascurata sia dagli storici sia dai filosofi della scienza. Eppure la sperimentazione esplorativa permette di conoscere la complessità di un campo sperimentale, sviluppando nuovi concetti e categorie, che forniscono le basi dei molteplici fenomeni, purché si affrontino in ordine di difficoltà crescente. Quest'approccio fu seguito anche da altri sperimentatori, tra cui Michael Faraday (1791-1867), che indagò la reale natura della corrente elettrica e dei magneti attraverso fatti osservabili, evitando l'interferenza di elementi ipotetici. Quest'approccio scientifico fu anche descritto da Hermann von Hermoltz nel 1881, facendo una *Lectio magistralis* su Faraday, nella quale annotava esplicitamente l'analogia tra la metodologia di Faraday e quella di Goethe.

Nel 1960 il teorico della teoria del caos, Mitchell Feigenbaum, lavorando alla sua tesi di dottorato sulla fisica delle particelle s'interessò alla *Teoria del colore*, e fu sorpreso dal fatto che Goethe avesse eseguito un insieme di esperimenti particolarmente interessanti sul colore, asserendo che era d'accordo con le sue deduzioni (Gleick).

L'interferenza tra onde luminose

La teoria corpuscolare di Newton era divenuta il punto di riferimento scientifico dell'epoca ma era ancora assai lacunosa. Prima di tutto non era in grado di spiegare la teoria delle frange che si producevano per riflessione e le complementari, le frange di trasmissione. Siccome il suo modello non era in grado di spiegare come si formavano, la cosa migliore era quella di ignorare la loro esistenza.

Thomas Young (1773-1829) sviluppò la sua teoria sulla luce derivandola dalla teoria sul suono. Egli credeva che i due fenomeni della riflessione del suono e della riflessione della luce fossero simili. Il suono ha onde longitudinali in aria e la luce ha onde longitudinali nell'etere "luminifero".

Egli pubblicò sei lavori fondamentali sull'argomento. Un primo lavoro, pubblicato su *Philosophical Transactions*, intitolato *Outilines of Experiments and Inquires respecting sound and light*, letto presso la Royal Academy, e un secondo, in risposta a Nicholson, intitolato *A letter to Mr Nicholson, Professor of Natural Philosophy in the Royal Institution, respecting sound and light in reply to some observations of professor Robinson*. In questi lavori Young sviluppò i concetti acustici e iniziò ad applicarli all'ottica. Sebbene non descrivesse alcun esperimento che coinvolgesse la luce, la sua memoria faceva un'analogia tra la luce e il suono.

Un terzo lavoro intitolato *On the theory of light and colours* era tutto dedicato all'ottica. In una nota sulle *Philosophical Transactions* del 1802 dal titolo *An account of some cases of the production of colours, not hitherto described* dichiarava che aveva scoperto una legge che poteva spiegare la genesi delle frange. Nel 1804 ancora su *Philosophical Transactions*, sotto il titolo *Experiment and calculations relative to physical optics*, spiegava come i fenomeni luminosi potessero interferire tra di loro.

Un ultimo lavoro intitolato *Course of lectures on Natural phylosophy and the mechanical art* faceva un confronto tra la natura corpuscolare e ondulatoria della luce.

Young era preoccupato dall'idea che i corpuscoli di luce avessero la stessa velocità qualsiasi sorgente li avesse emessi. Nell'articolo sulla divergenza del suono egli osservava che le onde non necessariamente si sparpagliavano egualmente in tutte le direzioni e osservava che lo stesso avveniva per la luce (Peacock).

Comparando i suoi esperimenti con quelli di Newton ne dedusse che la luce a certe distanze equivalenti, nella direzione del moto, possedeva qualità opposte capaci di neutralizzare o distruggersi.

Con queste osservazioni egli era in grado di spiegare le frange e i colori, lungo i film sottili, che aveva visto Newton. Questi aveva osservato che se in un film sottile si sostituiva l'acqua all'aria, gli anelli diventavano più stretti. Sulla base di queste notazioni Young ne dedusse che c'erano delle similitudini tra la natura del suono e quella della luce. Inoltre la velocità di propagazione della luce decresceva quanto più era denso il mezzo. A questo punto le sue argomentazioni erano simili a quelle di Huygens e per dimostrare che la luce aveva una natura ondulatoria fece un esperimento che ancor oggi porta il suo nome e che è alla base di tutta la fisica moderna.

Dapprima fece passare la luce attraverso un foro. Come risultato ottenne su di uno schermo, oltre il foro, la luce stessa. Poi fece passare la luce attraverso due fori tra di loro vicini e sullo schermo si trovò una figura in cui si vedevano delle zone luminose intervallate da zone scure. Questo esperimento dimostrava che le onde luminose interferivano tra di loro quando s'incontravano e che la sua assunzione di una natura ondulatoria della luce era realistica. Attraverso i suoi esperimenti riuscì anche a dedurre la periodicità della luce per i vari colori.

Nonostante queste evidenze la teoria ondulatoria di Young fu contrastata per lungo tempo. Ancora una volta la forza delle argomentazioni di Newton sovrastava ogni ipotesi che non fosse quella corpuscolare. Young dovette rispondere alle critiche sia spiegando che non era contro Newton, che egli stimava, ma che certamente Newton non era infallibile.

Young era assai eclettico. Fu tra i primi a decifrare i geroglifici e si occupò anche di musica. Fu considerato anche il fondatore dell'ottica oftalmica. Egli iniziò i suoi studi in medicina a Londra nel

1792, prima di diventare dottore in fisica nel 1796. In uno dei suoi studi spiegò come gli occhi, mediante l'accomodamento del cristallino, si comportano durante la visione quando degli oggetti sono posti a varie distanze. Nel 1801 descrisse, per primo, il fenomeno dell'astigmatismo e insieme a Maxwell fece l'ipotesi che la percezione dei colori dipendesse dalla presenza sulla retina di tre tipi di fibre nervose (che noi oggi sappiamo essere dei fotoricettori) che, per lui, erano sensibili al rosso al verde e alla luce rosso-violetta. L'intensità relativa dei segnali percepiti da questi fotoricettori era interpretata dal cervello come colori.

Contrariamente a quanto ci si aspetterebbe, l'influenza di Young nel suo periodo fu veramente bassa nonostante l'esperimento sull'interferenza che avrebbe poi avuto un impatto sulla scienza veramente importante.

Va comunque detto che la sua teoria mancava ancora di uno strumento matematico che fu poi sviluppato successivamente da Fresnel. Inoltre anche il suo linguaggio non aveva raggiunto la maturità dei suoi esperimenti. Per esempio, parlando della lunghezza d'onda usava la parola intervallo, mentre in un altro esempio parlava di lunghezza di ondulazione e di forza dell'ondulazione piuttosto che d'intensità della luce. Viceversa la sua spiegazione dell'esperimento era veramente accurata, ma allora, come ora, contava di più essere un personaggio e un buon oratore piuttosto che un buon sperimentatore.

L'idea di Young era, però, stata lanciata e come la teoria corpuscolare di Newton si attenuava, perché non sufficientemente supportata dagli esperimenti, così l'idea ondulatoria di Young si affermava.

Si deve al lavoro di Augustin Fresnel (1788-1827) se finalmente la teoria di Young ebbe una base matematica e quindi si poté affermare definitivamente.

In un articolo, *La diffraction de la lumière*, Fresnel, affrontando il problema dell'emissione di un corpo, dichiara che il calore e la luce hanno la stessa natura, poiché un corpo nero quando è illuminato diviene caldo e quando un corpo nero è molto caldo diviene luminoso. Fresnel affronta il problema delle frange come avevano fatto Newton e Young. Secondo lui, il fenomeno non poteva essere di natura corpuscolare e le particelle non erano deviate dalla traiettoria rettilinea come voleva Newton, ma era di natura ondulatoria, come previsto dalla teoria di Young.

Fresnel iniziò le sue osservazioni e le sue misure con strumenti rudimentali, ma nonostante ciò scoprì parecchie cose che i suoi predecessori non avevano osservato.

Come altri sperimentatori egli usò come sorgente il Sole interponendo tra schermo e sorgente fori di ogni forma e dimensione. Inoltre, per avere una migliore visione dei fenomeni osservati, usò una lente d'ingrandimento e attaccò allo schermo usuale un vetro opaco. Un giorno, non avendo fissato perfettamente questo vetro, scoprì che le frange sulla parte del vetro erano meno evidenti di quelle sullo schermo. Questo incidente ebbe una grande importanza sulla sua analisi perché cambiò del tutto il suo modo di guardare il fenomeno delle frange.

Con sua grande sorpresa vide che le frange esterne decrescevano in intensità e larghezza e finivano al bordo diffrangente, in contrasto con la teoria newtoniana. Mediante un micrometro egli misurò la distanza tra le frange esterne dal bordo dell'ombra geometrica e trovò che una data frangia non si propagava in forma rettilinea ma seguendo una curva iperbolica, i cui fuochi erano i punti luminosi e uno dei bordi della zona in cui scompariva il segnale. Egli aveva suggerito l'idea dell'iperbole perché essa corrisponde alla figura che si ottiene dall'interferenza tra onde sferiche, quelle emesse dal punto luminoso, secondo la teoria di Huygens, e le onde sferiche prodotte dal bordo dell'ostacolo interposto alla luce.

Fresnel continuò a lavorare fino a che fu in grado di presentare una memoria all'Accademia delle Scienze nel 1818. In questa memoria egli precisa che le onde si originano da un infinito numero di punti che raggiungono e si addensano attorno a un punto. Per determinare l'intensità dell'insieme in cui ci sono queste onde è necessario calcolare un integrale. In questo modo Fresnel introduceva elementi di matematica che permettevano di quantificare il fenomeno dell'interferenza.

I sostenitori delle teorie newtoniane, come Biot e Poisson, erano contrari a queste scoperte di Fresnel. Tuttavia, alla fine, all'interno dell'Accademia delle Scienze si giunse a un compromesso organizzando una competizione sul tema del fenomeno di diffrazione per dirimere se era una questione ondulatoria o corpuscolare. Nonostante il tema fosse scritto più per un'ipotesi corpuscolare che ondulatoria, nessuno della scuola newtoniana s'iscrisse alla competizione. Solo Fresnel e qualche altro sconosciuto entrarono nella contesa.

Nel 1819 la commissione, presieduta da Arago e composta da Biot, Laplace, Gay Lussac e Poisson, diede la vittoria a Fresnel e questo pose fine all'idea corpuscolare di Newton, almeno fino a che non ci furono le nuove scoperte che vedremo nei capitoli successivi.

L'elettromagnetismo: Maxwell

Chi diede un significativo impulso allo sviluppo della teoria elettromagnetica fu James Clerk Maxwell (1831-1879). Le sue equazioni dimostrarono che l'elettricità, il magnetismo e anche la luce erano tutte manifestazioni dello stesso fenomeno: il campo elettromagnetico.

Poiché la sua opera unificava tutte queste discipline, si disse che la teoria di Maxwell rappresentava la seconda grande unificazione della fisica dopo quella fatta da Newton. Nel suo trattato *A dinamics theory of the electromagnetic field* egli assimilò la luce all'elettromagnetismo, poiché la luce aveva lo stesso comportamento ondulatorio dell'elettromagnetismo. La scienza dell'Ottocento si era aperta con la disputa tra Cartesiani e Newtoniani. Per Cartesio "l'unica proprietà della materia era l'estensione e la materia era una condizione per l'estensione", come nota Maxwell alla voce "Etere" della Enciclopedia Britannica. Questa concezione portava a definire il vuoto come un luogo nel quale esisteva un fluido etereo che metteva in contatto parti differenti della materia, tanto che osservava ancora Maxwell:

> ... erano stati inventati degli eteri per definire le atmosfere elettriche e gli effluvi magnetici, per veicolare le sensazioni di una parte del nostro corpo e via dicendo poiché tutto lo spazio era stato riempito tre o quattro volte da eteri diversi (Campbel e Garnet).

Di contro i Newtoniani interpretavano i fenomeni naturali attraverso l'esistenza di forze che comunicavano istantaneamente a distanza. Maxwell, tuttavia, osservava che:

> Newton era lontano dall'asserire che i corpi agissero realmente gli uni sugli altri a distanza, indipendentemente da qualunque cosa tra loro interposta.

E continuava citando Faraday che:

> ... è inconcepibile che la materia bruta e inanimata possa, senza la mediazione di qualcosa di diverso che non sia materiale, operare e agire su altra materia senza contatto reciproco come dovrebbe accadere se la gravitazione nel senso d'Epicuro fosse essenziale e inerente alla materia stessa. [...] che la gravità possa essere innata inerente ed essenziale alla materia, così che un corpo possa agire a distanza e attraverso un vuoto, senza la mediazione di qualcosa grazie a cui e attraverso cui l'azione e la forza possano essere trasportate dall'uno all'altro, ebbene tutto ciò è per me una assurdità che io non credo che un uomo il quale abbia in materia filosofica una capacità di pensare in modo competente, possa mai cadere in essa (Campbell e Garnett).

Maxwell sapeva che la dottrina della forza a distanza era una teoria dei Newtoniani, che avevano travisato il pensiero di Newton riducendolo a dogmi. Ciò che Maxwell voleva dimostrare era che la scienza non era fatta di dogmi ma indagava in tutte le direzioni, anche attraverso il dubbio.

Egli aveva capito che i fenomeni elettrici e magnetici descritti negli esperimenti di Oersted e Faraday stavano aprendo nuovi filoni d'indagine che in precedenza erano stati esclusi.

Nel 1820 Hans Christian Oersted (1977-1851) presentava una breve memoria dal titolo *Experimenta circa effectum conflictus elettrici in acum magneticum* in cui osservava come un ago magnetico posto in vicinanza di un filo percorso da corrente elettrica si spostasse dalla sua posizione di equilibrio. L'esperimento in questione dimostrava che le forze agenti non erano di tipo newtoniano, ma agivano non solo entro il filo conduttore ma anche nello spazio circostante. Inoltre queste forze agivano solo sui materiali magnetici e non su quelli non magnetici che venivano, invece, attraversati liberamente. Nel 1821 Faraday pubblicava il suo primo contributo con il titolo *On some new electro-magnetic motions and on the theory of magnetism*, nel quale evidenziava le caratteristiche di campo radiale tra ago magnetico e conduttore elettrico, chiariva l'effetto indagato da Oersted e apriva le porte alla "legge dell'induzione elettro-magnetica". Il fatto che tutti i risultati sperimentali potessero essere compresi sotto un unico principio rafforzava quell'ideale di una sostanziale unità delle forze della natura che era sostenuto dalla *Naturphilosophie*[3] (filosofia della natura) a cui si rifacevano sia Faraday sia Maxwell.

L'unificazione di tutte queste teorie portarono alle equazioni di Maxwell. Esse sono difficili da spiegare se non si ha una cultura matematica perché coinvolgono un formalismo che utilizza operatori matematici come il gradiente e il rotore e la divergenza per rappresentare le modalità con le quali le grandezze fisiche operano. Forse il modo migliore per spiegare le equazioni è quello di far riferimento ai cinque più importanti articoli che Maxwell scrive sulla teoria elettromagnetica.

Prima di fare questo, tuttavia, ricordiamo che la sua teoria ha fondamento nei lavori di Faraday e di Thomson (Lord Kelvin). Il contributo di Michael Faraday (1791-1897) sta nell'uso dei diagrammi delle linee di forza e nell'idea che le forze elettriche possano essere trasmesse attraverso un dielettrico mediante azioni successive delle parti continue del dielettrico stesso piuttosto che attraverso un'azione a distanza. Il contributo di William Thomson (1824-1907) fu di dimostrare come queste linee di forza potessero essere legate alle teorie dell'elettrostatica e dell'elettromagnetismo. Maxwell non solo introdusse nuovi concetti come la funzione elettrotonica (vettore potenziale), la densità di energia del campo, lo spostamento della corrente ma anche nuovi operatori matematici come l'operatore "curl" (rotore)[4] rappresentando i fenomeni elettromagnetici attraverso l'utilizzo di analogie con altri fenomeni, per esempio quelli tratti dalla idrodinamica. Questa sua atti-

---

[3] La *Naturphilosophie* era una corrente filosofica nata nell'Ottocento all'interno del movimento dell'idealismo germanico che aveva come punto di riferimento Johann Gottlieb Fichte, Friedrich Wilhelm, Joseph von Schelling e Friedrich Hegel.
[4] Nel calcolo vettoriale il "curl" o rotore è un operatore che indica la tendenza di un campo vettoriale a ruotare attorno a un punto. La direzione del rotore è parallela all'asse di rotazione, il verso è entrante per una rotazione oraria, l'intensità è proporzionale alla tendenza a ruotare. La rappresentazione grafica di un operatore rotore è facilmente identificabile come quella di un sistema fluido che ruota attorno a un punto.

tudine gli derivava anche dalla sua preparazione scientifica che era profondamente permeata dagli insegnamenti impartitigli da Sir William Hamilton (da non confondersi con il matematico). Questi era un logico e metafisico che propugnava l'unità delle forze in natura secondo la scuola di *Naturphilosophie*, per cui era possibile usare i concetti di analogia per convertire una forza in un'altra. Nel suo saggio sull'elettromagnetismo *An elementary treatise on electricity* Maxwell dichiara:

> Con il metodo da me adottato spero di rendere evidente il fatto che non sto tentando di stabilire nessuna teoria fisica di un settore fenomenologico nel quale non ho condotto alcuna osservazione sperimentale e che il mio schema si limiti a mostrare come da una diretta applicazione delle idee e dei metodi di Faraday la connessione da lui scoperta tra fenomeni appartenenti a classi molto diverse possa essere chiaramente illustrata a una mente matematica.

In tal modo egli stabiliva, attraverso la logica delle analogie, che i fenomeni di conduzione, pensati come un'azione tra parti contigue al materiale conduttore, potessero essere utilizzati per descrivere i fenomeni elettrostatici, facendo corrispondere alla sorgente di calore il centro di attrazione elettrico e al flusso di calore il flusso elettrico e alla temperatura il potenziale elettrico.

Il punto di partenza della sua trattazione si fa risalire all'esperimento di Faraday che egli trattò in *On Faraday's lines of forces* del 1855, ove egli descriveva essenzialmente le proprietà geometriche del potenziale vettore. Sei anni più tardi appariva l'articolo *On the physical lines of forces* in cui introduceva il campo elettromagnetico basato su un modello che impiegava vortici molecolari i cui assi di rotazione erano orientati lungo le linee del campo magnetico. Questo modello era anche un primo abbozzo della teoria della luce. Nel 1863 scriveva l'articolo *On the elementary relations of electrical quantities* per la British Association Committee on Electrical Standards, in cui descriveva l'intera gamma dei fenomeni magnetici. Come risultato di questo lavoro egli stabiliva che la connessione tra la velocità della luce e le quantità elettriche era una realtà sperimentale e non un effetto del suo modello a vortici molecolari. Il quarto e più importante articolo, *A dinamical theory of electromagnetic field* del 1865, contiene delle nuove formulazioni: la teoria lagrangiana[5] per la teoria del campo e la prima stesura delle equazioni che conosciamo. Nel quinto articolo, *Note on the electromagnetic theory of light*, egli deriva la sua teoria dagli esperimenti di Faraday invece che dalla più astratta teoria lagrangiana.

La moderna trattazione delle equazioni di Maxwell sintetizza tutti questi concetti. Cercherò qui di darne un'esemplificazione utile al fine di comprendere il grande risultato che Maxwell ottenne.

La prima delle equazioni descrive il flusso del campo elettrico attraverso una superficie chiusa. Essa è dovuta a Carl Friedrich Gauss (1777-1855) e ci dice che il flusso del campo elettrico, la cosiddetta divergenza del campo attraverso qualsiasi superficie chiusa, è proporzionale alla carica elettrica interna.

La seconda, dovuta a Faraday ma scritta in forma differenziale da Maxwell, introduce il concetto di induzione. Essa definisce la forza elettromagnetica in un circuito conduttore come la forza complessiva sulle cariche che si accumula su tutta la lunghezza del circuito e afferma che la circolazione[6] del campo elettrico lungo una linea chiusa è proporzionale alla variazione del campo magnetico nel tempo.

La terza equazione è analoga alla prima ma per il campo magnetico, e dice che il flusso del campo magnetico attraverso qualsiasi superficie chiusa è sempre zero.

L'ultima equazione mostra un qualcosa di nuovo che si deve a Maxwell. Inizialmente era stata formulata per un campo magnetostatico. Tuttavia, se il campo non fosse stato statico ma dinamico, allora il campo elettrico e quello magnetico sarebbero dipesi l'uno dall'altro e quindi bisognava introdurre un nuovo termine come la variazione del campo elettrico nel tempo.

---

[5] La descrizione lagrangiana fotografa un flusso, per esempio in un fluido, in cui ciascuna particella si porta le sue proprietà fisiche come la densità, il movimento, etc. Come le particelle avanzano, le proprietà del flusso cambiano nel tempo. Il processo attraverso il quale viene descritto l'intero flusso, registrando la storia dettagliata di ciascuna particella del fluido, si dice che è una descrizione lagrangiana.

[6] La parola circolazione è ricavata dalla circolazione di un liquido ed è generalizzata al concetto di flusso per qualsiasi campo, anche se non c'è materia.

Il suo lavoro iniziò commentando le scoperte di Faraday e traducendo tutte le conoscenze del tempo in venti equazioni con venti variabili. Nel 1862 Maxwell calcolò che la velocità di propagazione di un campo elettromagnetico era approssimativamente quella della velocità della luce. Usando i dati disponibili a quel tempo trovò che la velocità era di 310.740 km al secondo. Le sue famose quattro equazioni sull'elettromagnetismo videro la luce nel 1873 e furono descritte nel *Treatise on elettricity and magnetism*.

L'elettromagnetismo fu sicuramente la teoria più significativa di Maxwell, ma egli ebbe anche altri interessi nel campo dell'ottica, in primo luogo sulla teoria sul colore.

Va innanzi tutto detto che il contesto in cui si muoveva era anche particolarmente favorevole. Difatti a Edimburgo lavoravano parecchie persone che si stavano occupando di colore. Tra questi vi era D.R. Hay, che aveva scritto un trattato sul colore dal titolo *The nomenclature of colours*, e anche dei medici oftalmologi che gli avrebbero insegnato i primi rudimenti sulla visione. Maxwell stesso sin dall'età di quindici anni aveva frequentato il laboratorio di William Nicol che gli aveva anche regalato alcuni dei suoi prismi. Nicol era ben noto a quel tempo per i suoi lavori sulla doppia rifrazione che si generava proprio utilizzando i suoi prismi. Rispetto al vetro normale che genera una singola rifrazione, i prismi di Nicol generano, al passaggio della luce, due raggi che subiscono deviazioni diverse. Questi raggi sono completamente polarizzati in due direzioni tra di loro ortogonali.

L'interesse di Maxwell per la doppia rifrazione, scoperta da David Brewster, era talmente alta che egli, nel 1850, scrisse l'articolo intitolato *The equilibrium of elastic solids* dove introdusse la teoria della fotoelasticità. Nel 1853 pubblicò un articolo anonimo sulla lente a occhio di pesce (*fish-eye*), un tipo di lente che aveva scoperto lui e che può essere considerata un grandangolare estremo.

A sedici anni entrò all'Università di Edimburgo sotto la guida di D.J. Forbes e del già citato matematico e filoso W. Hamilton. Nel laboratorio di Forbes, Maxwell iniziò un percorso che lo condusse a definire la prima pellicola tricromatica e come i colori erano visti dall'occhio attraverso tre fotoricettori posti nella retina. Nel 1849 derivava la prima equazione quantitativa sul colore utilizzando una trottola con dei settori colorati che si potevano aggiustare manualmente. Forbes aveva scoperto che mescolando la luce blu con quella gialla si produceva un risultato cromatico che era differente da quello che si generava mescolando i pigmenti giallo e blu. Purtroppo Forbes, a causa di una malattia, non poté terminare i suoi lavori. Fu Maxwell che invece continuò i suoi studi fino a dimostrare nel 1854 che i colori per la visione di una persona normale potevano essere ottenuti partendo da tre colori primari. Solo pochi anni prima Helmholtz nel suo articolo pubblicato su *Annalen der Physik* intitolato *La teoria dei colori composti* aveva negato la possibilità che esistesse una teoria che potesse basarsi sui colori primari. Dopo l'articolo di Maxwell e uno di Grassmann del 1853 pubblicato su *Annalen der Physik* intitolato *Zur Theorie der Farbenmischung* sulla teoria del colore, Helmholtz passò definitivamente alla teoria maxwelliana dei tre ricettori.

Tuttavia Maxwell non aveva elementi certi sul funzionamento dei fotoricettori oculari per cui decise di utilizzare i risultati indiretti che potevano venire da coloro che avevano delle anomalie nella percezione del colore. Nel 1874 Dalton aveva comunicato alla Manchester Literary and Philosophical Society (Lit e Phil), in un suo articolo intitolato *Extraordinary facts relating the vision*, che egli era affetto da un'anomalia della visione. Egli scriveva:

> La parte di immagine che altri chiamano rosso mi appare poco meno di una ombra o un difetto luminoso. Dopo di che l'arancio, il giallo e il verde sembrano dei colori che degradano quasi uniformemente da un giallo intenso a uno più rarefatto, provocando ciò che io chiamerei varie tonalità di giallo.

Maxwell approfondì questa problematica partendo dalla trottola di Forbes, modificata per sovrapporre alla prima serie di cerchi colorati concentrici una seconda serie di dischi altrettanto colorati, ma di diametro più piccolo. Lo scopo era quello di confrontare il colore del cerchio più grande con quello più piccolo attraverso varie combinazioni di colore. Nel 1860 Maxwell descrive la prima delle tre versioni della "scatola del colore" (Schuster), che può a buon diritto essere considerata come la precorritrice di tutti i colorimetri assoluti. Lo strumento era stato disegnato in modo da poter mescolare tra di loro tre differenti colori primari e che il loro risultato potesse poi essere confrontato con un bianco di riferimento. All'esperimento partecipò anche sua moglie.

Nel 1866, studiando la differente sensibilità ai colori tra la fovea e l'estrafovea, egli scoprì quello che oggi si chiama il "Maxwell spot". Questo fenomeno è legato alla presenza della macula come si vede in Fig. 16.

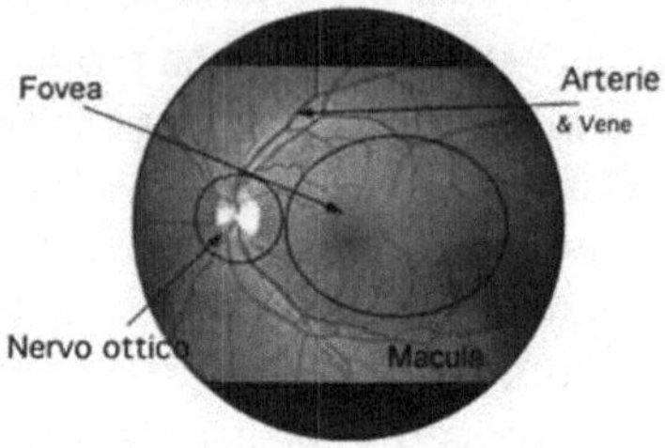

Fig. 16. *La macula è la zona centrale della retina ed è la tunica nervosa del globo oculare. È la regione che contiene i fotorecettori, deputati alla trasformazione dell'energia luminosa in impulsi elettrici, i quali verranno inviati all'encefalo dove sono interpretati come informazioni visive. La macula è la parte della retina preposta alla visione distinta e alla percezione dei dettagli, a differenza della restante parte della retina il cui compito è la visione d'insieme o visione periferica. Questa differenza è dovuta alla concentrazione relativa dei due tipi di fotorecettori presenti sulla retina: i coni, più rappresentati a livello maculare, e i bastoncelli, predominanti nella periferia retinica ma quasi assenti al centro. I primi sono responsabili della percezione dei colori, mentre i secondi dell'intensità luminosa. All'esame oftalmoscopico la macula si presenta come una macchia di forma ovale ad asse verticale maggiore, di colore variabile dal giallo al biancastro, ma comunque più chiara rispetto alle regioni circostanti. Topograficamente all'interno della macula si riconoscono altre due regioni concentriche, la fovea e la foveola, caratterizzate da un grande aumento della quantità di coni e da una progressiva inclinazione di questi ultimi che assumono una posizione quasi orizzontale. Questo fa sì che i recettori abbiano un'esposizione migliore ai raggi luminosi, garantendo la massima acuità visiva possibile. La macula agisce da filtro assorbendo sia il blu sia l'ultravioletto. Lo spot di Maxwell si manifesta, ma non sempre, guardando alternativamente uno sfondo giallo e poi uno blu*

Maxwell realizzò anche la prima fotografia tricromatica utilizzando la sovrapposizione di tre colori proiettati su di uno schermo durante un'udienza del Royal Institute nel 1861 a Londra, cui partecipò anche Faraday. Le fotografie di una fascia multicolore furono ottenute utilizzando tre filtri liquidi, rosso, verde e blu, posti davanti a diverse lastre, che riprendevano lo stesso soggetto. Il supporto delle lastre era il collodio umido, materiale usato per le prime fotografie che serviva come legante per le emulsioni fotografiche. Il materiale sensibile era ioduro d'argento. Quando le immagini fotografiche, proiettate attraverso gli stessi filtri, erano sovrapposte si vedeva un'immagine colorata. Tuttavia il risultato non fu secondo le aspettative, tanto che Maxwell sottolineò che:

> si era vista una immagine colorata ma se l'immagine rossa e verde fossero state fotografate come il blu si sarebbe vista una immagine veramente colorata (Campbell e Garnett).

Maxwell ammise che il rosso e il verde erano sottoesposti, ma il suo collaboratore, Thomas Sutton, puntualizzò che l'esposizione per il rosso e il verde era stata di qualche minuto, mentre l'esposizione dell'ultravioletto era stata di qualche secondo. A quel tempo furono fatte varie congetture, ma la soluzione fu trovata solo recentemente da R.M. Evans nei laboratori della Kodak Research utilizzando la stessa fascia usata da Maxwell. Con nuovi e più sofisticati strumenti si poté vedere che la fascia usata rifletteva una grande quantità di ultravioletto che aveva alterato i tempi di esposizione delle tre lastre, in particolare quella che aveva il filtro rosso. Ripetendo l'esperimento di Maxwell, ora con una ben precisa cognizione di causa, Evans ottenne una coloritura perfettamente aderente alla scena originale. Questo, come altri episodi, dimostra che sarebbe un grave errore non riprodurre un esperimento perché si sa che non funziona del tutto. Giustamente diceva Maxwell:

> Non si deve cercare di dissuadere una persona dal tentare di fare un esperimento perché se non trova ciò che vuole può però trovare qualcosa d'altro (Campbell e Garnett).

L'influenza degli anni giovanili del logico Hamilton si rifletté anche nelle questioni di tipo filosofico. Da questo punto di vista è illuminante il pensiero di Maxwell sulla percezione e la visione che egli espose in un suo intervento alla Royal Institution:

> Vedere è vedere con i colori perché è soltanto mediante l'osservazione delle differenze di colore che distinguiamo le forme degli oggetti. E quando parlo di differenze di colore intendo includere anche le differenze di lucentezza e ombra. Fu proprio alla Royal Institution, all'inizio del secolo, che Thomas Young fece il suo primo, chiaro riferimento a quella dottrina della visione dei colori che mi propongo di illustrare. L'e-

> nunciazione di Young può essere così sintetizzata: noi siamo capaci di percepire tre differenti sensazioni di colore. I diversi tipi di luce eccitano in proporzioni diverse queste sensazioni ed è tramite le diverse combinazioni di queste tre sensazioni primarie che tutte le varietà di colore visibile vengono riprodotte. In questa proporzione c'è una parola su cui dobbiamo fissare l'attenzione. Questa parola è: sensazione. Può sembrare un'ovvietà che il colore sia sensazione; eppure Young, riconoscendo onestamente questa verità elementare, stabiliva la prima teoria consistente del colore. Per quello che ne so, Thomas Young è stato il primo che partendo dal fatto ben noto che esistono tre colori primari ricercò la spiegazione di questo, non nella natura della luce, ma nella costituzione dell'uomo (Campbell e Garnett).

Nel 1887 Michelson e Morley facevano il loro esperimento per distruggere l'ipotesi basata sulla propagazione della luce attraverso quello che, a quel tempo, era chiamato "etere luminifero". L'esperimento fu fatto utilizzando uno strumento chiamato interferometro di Michelson.

L'esperimento consisteva nell'inviare una sorgente di luce bianca attraverso uno specchio semi-argentato che suddivideva la luce in due fasci. Tali fasci si ricombinavano dopo la riflessione su due specchi, distanti dallo specchio semi-argentato, messi a novanta gradi uno rispetto all'altro. A causa del tempo speso a transitare da un ramo all'altro dello strumento, si sarebbe dovuta produrre un'interferenza costruttiva, come aveva osservato Young. Il tempo speso dalla luce a transitare da uno specchio all'altro avrebbe provocato uno spostamento nelle frange d'interferenza.

La fisica della fine del XIX secolo aveva scoperto che la Terra viaggiava a una certa distanza dal Sole a una velocità di 30 km al secondo. Inoltre il Sole stesso attraversava il centro della nostra galassia a una velocità di 220 km al secondo.

Poiché la Terra è in moto, ci si aspettava che, se esisteva l'etere, il suo flusso lungo la Terra avrebbe prodotto un "vento d'etere" misurabile. In ogni punto della superficie terrestre, la grandezza e la direzione del vento avrebbero dovuto variare con l'ora del giorno e la stagione. L'assunto di Michelson e Morley era che, analizzando il ritorno di velocità della luce in direzioni e tempi differenti, si sarebbe potuto misurare il moto della Terra rispetto all'etere. La differenza nelle misure avrebbe dovuto essere assai piccola, poiché la velocità della Terra attorno al Sole è dell'ordine di un decimillesimo della velocità della luce. Se l'etere fosse stato stazionario, relativamente al Sole, allora il moto della Terra avrebbe prodotto uno spostamento delle frange dell'interferometro di Michelson di un venticinquesimo della dimensione di una singola frangia. Il prototipo di Michelson non raggiunse lo scopo prefisso, ma dimostrò che l'esperimento si poteva fare.

Con l'aiuto di Morley, Michelson creò un nuovo e più sensibile interferometro. I suoi bracci, cioè la distanza tra lo specchio semitrasparente e gli specchi di rimando, erano stati modificati per ottenere una serie di riflessioni multiple che permettevano di raggiungere un cammino ottico di undici metri. In questo modo lo spostamento rilevabile era di quattro decimi di frangia. Per migliorare la stabilità della misura, l'apparato fu posto in una stanza chiusa nella cantina dello stabile in cui avvenivano le misure, eliminando, per quanto fosse possibile, le vibrazioni dovute alle variazioni termiche e alle vibrazioni del pavimento. Fu utilizzato un interferometro montato su una lastra di pietra; la lastra veniva fatta galleggiare su mercurio liquido per mantenerla orizzontale e farla girare attorno a un perno centrale. In tal modo riuscirono a raggiungere la precisione di un centesimo di frangia. Poiché si trattava di misurare quantità assai piccole, era necessario, per individuare il fenomeno che si stava misurando, avere non solo una misura, ma anche il suo errore. Il concetto di errore serviva a capire di quanto si discostasse la misura dal valor medio, per poter discriminare ciò che era accettabile da ciò che non lo era perché confuso con l'errore stesso. Il dispositivo che avevano ideato era in grado di ruotare su se stesso in modo da permettere di esplorare tutte le direzioni su cui era possibile vedere il "vento d'etere".

Tuttavia, ancora una volta, l'esperimento fallì. Michelson ritentò l'esperimento con uno strumento assai più sensibile, ma anche stavolta fallì, chiarendo, tuttavia, definitivamente che il "vento d'etere" non esisteva.

Intanto l'Ottocento finiva e nuove e più profonde scoperte avrebbero cambiato lo scenario della conoscenza. Ancora una volta era lo studio della luce che induceva dei notevoli cambiamenti nella scienza.

La fisica moderna

L'evoluzione relativistica della fisica classica

Il meccanicismo aveva pervaso buona parte dell'Ottocento ma alla fine del secolo l'impianto newtoniano incominciava a entrare in crisi. Gli indizi erano molteplici: in primo luogo l'impatto che la velocità finita e costante della luce aveva sul principio di relatività, poi il fatto che le equazioni di Maxwell non sembravano ubbidire al principio di relatività.

Il principio di relatività enunciato da Newton recita:

> I moti dei corpi all'interno di un dato spazio sono gli stessi fra loro, sia che lo spazio sia in quiete sia che si muova uniformemente in linea retta.

Scrive Einstein nel suo saggio *Relatività: esposizione divulgativa*:

> ... finché si era convinti che tutti i fenomeni naturali potessero venir rappresentati con l'aiuto della meccanica classica, non vi era ragione di porre in dubbio la validità di questo principio di relatività. Di fronte però al più recente sviluppo dell'elettrodinamica e dell'ottica, risultò con evidenza sempre maggiore che la meccanica classica offre una base insufficiente per la descrizione fisica di tutti i fenomeni naturali.

Questa frase può essere spiegata utilizzando alcuni esempi. Saliamo a bordo di una nave spaziale che si muove con velocità uniforme, tutti gli esperimenti fatti sulla nave in movimento appariranno gli stessi come se la nave non si muovesse: il sistema di riferimento è la nave spaziale. Supponiamo ora di guardare fuori dalla nave spaziale, che si muove ancora con velocità uniforme, e di prendere come sistema di riferimento un punto al di fuori della nave stessa. Dopo un certo tempo avremo che la nave si è spostata di un tratto che è il prodotto tra la velocità della nave e il tempo trascorso. Se inizialmente i due sistemi di riferimento (quello della nave e quello esterno) coincidevano, adesso avremo che, rispetto al riferimento esterno, solo la posizione della nave sarà cambiata. Le altre due dimensioni della nave, la larghezza e l'altezza, non sono cambiate. Se sostituiamo queste trasformazioni di coordinate nelle leggi di Newton troviamo che queste hanno la stessa forma sia in un sistema in movimento sia in un sistema fermo. Supponiamo ora di essere in moto sulla nostra nave spaziale che ha una certa velocità e che ci sia una luce che proviene da dietro la nave e la superi. In un sistema galileiano la trasformazione di coordinate (trasformazione galileiana) è determinata dalla differenza di velocità tra il sistema di riferimento in quiete e quello mobile, e ci direbbe che la velocità apparente della luce che ci sorpassa non è di 300.000 km al secondo, ma è la differenza tra 300.000 km al secondo e la velocità della nave spaziale.

Ancora Einstein:

> Questo risultato è però in conflitto con il principio di relatività esposto nel paragrafo 5 [quello citato in precedenza]. Infatti, come ogni altra legge generale della natura, la legge di propagazione della luce nel vuoto deve, secondo il principio di relatività, essere eguale tanto per il vagone ferroviario [per noi l'astronave] assunto come corpo di riferimento, quanto per le rotaie [per noi la Terra] sempre come corpo di riferimento. Tuttavia dalla considerazione fatta più sopra, ciò sembrerebbe impossibile. Se ogni raggio di luce viene propagato con velocità c [=300.000 km al secondo], allora per la ragione suddetta sembrerebbe dover necessariamente sussistere un'altra legge di propagazione della luce rispetto al vagone, risultato in contraddizione con il principio di relatività.

Adesso guardiamo che cosa succede alle equazioni di Maxwell. Da esse si deduce che una distribuzione sferica di carica a riposo rispetto all'etere produce un campo elettrico le cui superfici equipotenziali che circondano le cariche sono sferiche. Ma cosa accade quando la distribuzione di carica è in moto uniforme rispetto all'etere?

Nel 1888 il problema di risolvere le equazioni di Maxwell con cariche in movimento era particolarmente difficile perché le equazioni erano state risolte solo in relazione al riferimento dell'etere a riposo. Nel 1889 Oliver Heaviside, un matematico autodidatta, più noto come inventore della funzione gradino che porta il suo nome, e sicuramente uno dei matematici più innovativi, pubblicò la soluzione: il campo elettrico della distribuzione delle cariche in movimento era sottoposto a una distorsione che influenzava solo le componenti longitudinali del campo ma non quelle trasversali. Questo risultato fu visto da George Francis FitzGerald, allora professore al Trinity College, che immediatamente si mise in contatto con Heaviside per chiedergli se i suoi risultati potevano essere applicati alla teoria delle forze intermolecolari.

Il risultato di Heaviside giungeva proprio dopo il fallimento dell'esperimento di Michelson Morley del 1887 per determinare la velocità assoluta della Terra attraverso "l'etere" che, a quel tempo, si pensava riempisse tutto lo spazio.

Sicuramente il mistero che circondava il fallimento dell'esperimento di Michelson e Morley aveva suggerito a FitzGerald che la distorsione di Heaviside poteva essere applicata a "una teoria delle forze tra molecole di un corpo rigido". Nel 1889 né FitzGerald né chiunque altro poteva pensare che queste forze intermolecolari fossero di origine elettromagnetica. Eppure, se anche queste forze fossero state rese anisotropiche dal semplice movimento delle molecole, il che FitzGerald considerava plausibile alla luce del lavoro di Heaviside, allora la forma di un corpo rigido sarebbe stata modificata a seguito del moto. Questa idea fu pubblicata su *Science*:

> Io suggerirei che quasi l'unica ipotesi che può riconciliare questa discrepanza è che la lunghezza dei corpi materiali cambi, secondo che si muovono attraverso l'etere o attraverso di esso, di un ammontare che dipende dal quadrato del rapporto tra la loro velocità a quella della luce. Sappiamo che le forze elettriche sono influenzate dal moto dei corpi elettrificati relativi all'etere, e sembra una non improbabile supposizione

> che le forze molecolari siano influenzate dal moto e che la dimensione di un corpo si alteri conseguentemente.

FitzGerald non usa mai la parola "contrazione" che invece viene usata da Lorentz, né fa mai menzione del lavoro di Heaviside. Il germe era gettato e, seppure Lorentz non fosse a conoscenza dell'ipotesi di FitzGerald che divenne nota nel 1967, egli formulò la teoria della contrazione nella forma dell'inverso della radice quadrata di uno meno il quadrato del rapporto tra la velocità attuale e quella della luce, forma che assomiglia a quella definita da FitzGerald.

Scrive Feynman che:

> Quando il fallimento delle equazioni della fisica nel caso visto sopra [velocità della luce] venne alla luce, il primo pensiero che venne fu che il guaio dovesse essere nelle nuove equazioni dell'elettrodinamica di Maxwell.

Poi aggiunge:

> Apparve piuttosto ovvio che queste equazioni dovessero essere sbagliate, così la cosa da fare era cambiarle in un modo tale che per la trasformazione galileiana il principio di relatività fosse soddisfatto. Quando ciò fu tentato, i nuovi termini che dovevano essere introdotti nelle equazioni portarono a previsioni di nuovi fenomeni elettrici che non esistevano affatto quando furono cercati sperimentalmente, così questo tentativo fu abbandonato.

Hendrik Antoon Lorentz (1853-1928) si accorse che le leggi di Maxwell rimanevano valide se si applicava alle coordinate spaziali e temporali un fattore di correzioni che tenesse conto della velocità della luce. Questo fattore fu poi chiamato "fattore di Lorentz" [che ha la forma spiegata sopra]. Einstein, seguendo un suggerimento di Poincarè, nel 1905 propose che tutte le leggi fisiche dovessero rimanere invariate sotto una trasformazione di Lorentz.

Ancora Feynman:

> In altre parole dovremmo cambiare non le leggi dell'elettromagnetismo, ma le leggi della meccanica. Come dovremmo

> cambiare le leggi di Newton perché rimangano invariate per la trasformazione di Lorentz? Se questo è lo scopo fissato, dobbiamo allora riscrivere le equazioni di Newton in modo che le condizioni che abbiamo imposte siano soddisfatte. Come risultò, la sola richiesta è che la massa *m* nelle equazioni di Newton deve essere sostituita dall'espressione data dall'equazione [in questa equazione la massa a riposo è moltiplicata per il fattore di Lorentz]. [...] Quando questo è fatto le leggi di Newton e le leggi dell'elettrodinamica vanno d'accordo.

Applicando queste trasformazioni al caso della nave spaziale non saremmo mai in grado di scoprire se l'uno o l'altro o tutti e due siano in movimento perché la forma dell'equazione sarebbe la stessa in entrambi i sistemi di coordinate.

L'emissione di corpo nero e l'effetto fotoelettrico

Le origini della spettroscopia possono essere associate al nome di Newton, ma furono Fraunhofer e poi Kirchhoff che la fecero diventare una scienza.

Joseph von Fraunhofer (1787-1826), facendo uso di un prisma ad alta qualità (rispetto a quello che avevano utilizzato i suoi predecessori, Newton compreso) e guardando la luce solare che filtrava da una sottile fenditura, scoprì delle linee scure che erano sovrapposte sullo sfondo dello spettro continuo che aveva descritto Newton. Da allora queste linee si chiamarono "linee di Fraunhofer". Il suo esperimento può essere considerato come quello che ha dato inizio alla spettroscopia quantitativa. In seguito, Fraunhofer non usò solo il Sole come sorgente, ma anche vari tipi di sorgenti quali candele, torce, etc.

Nel 1859 Kirchhoff (1824-1887), nel suo primo articolo sull'ottica, scrive:

> Ho fatto parecchie importanti osservazioni durante l'indagine dello spettro delle fiamme colorate, che fu effettuato assieme a Bunsen, e che ci permise di determinare la composizione qualitativa di una mistura complessa dal loro spettro [ottenuto] dalla fiamma di una torcia. Esso [lo spettro] ci fornisce un'indicazione

inaspettata dell'origine delle linee di Fraunhofer e ci permette di ottenere informazioni sulla composizione dell'atmosfera, del Sole e possibilmente delle stelle più brillanti. Fraunhofer notò che lo spettro della fiamma di una candela mostra due linee che coincidono con le linee nere D nello spettro solare. Le stesse linee di luce sono più brillanti in una fiamma cui è stato aggiunto il cloruro di sodio. Io ho fatto un disegno dello spettro solare dopo aver fatto passare i raggi del sole attraverso una fiamma colorata dal cloruro di sodio che era stata posta davanti alla fenditura [dello spettroscopio]. Quando la luce solare era sufficientemente debole, le linee luminose apparivano nello stesso posto delle due linee D scure. Se tuttavia la luce solare era incrementata ed eccedeva un certo valore limite, le linee D scure diventavano molto più nette di quanto fossero in assenza di una fiamma colorata dal cloruro di sodio (Stepanov).

Kirchhoff aveva scoperto il fenomeno dell'inversione delle linee spettrali e aveva individuato la natura dello spettro di assorbimento: lo stesso oggetto, in equilibrio termodinamico, poteva emettere e assorbire la luce di una particolare frequenza in relazione all'intensità della radiazione incidente su di esso dall'esterno. Kirchhoff non si limitò solo a fare delle congetture, ma fece un esperimento, ancora assieme a Bunsen (1811-1899), in cui l'immagine della luce solare cadeva su metà della fenditura dello spettroscopio mentre l'immagine della fiamma di una candela, su cui era stato messo del cloruro di sodio, cadeva sull'altra metà. Come si aspettavano, le righe di assorbimento e quelle di emissione del sodio coincidevano: il loro esperimento aveva dimostrato che lo spettro di un composto aveva una sua identità unica e che ciascun atomo del composto poteva essere identificato dalle sue linee spettrali. Essi scrivono:

> Né la differenza nelle forme del composto in cui il metallo esiste, né le varietà di processi [chimici fisici] nelle singole fiamme ha un qualche leggero effetto sulla posizione delle linee corrispondenti a questi metalli (Stepanov).

Kirchhoff e Bunsen non avevano alcuna spiegazione sulle relazioni che esistevano tra atomi e linee dello spettro, anche se allora già si pensava agli atomi come a un sistema meccanico oscillante.

Una seconda scoperta di Kirchhoff (alla fine del 1859) fu la relazione tra l'emissione e l'assorbimento termico di un qualsiasi oggetto in equilibrio con l'ambiente circostante. Come conseguenza di tale scoperta la sua conclusione fu:

> … dalle leggi della teoria meccanica del calore [termodinamica] è facile provare che il rapporto tra emissività [potere di emettere] e assorbività [potere di assorbire] di un oggetto alla stessa temperatura e nel caso di raggi della stessa lunghezza d'onda è lo stesso per tutti gli oggetti (Stepanov).

Questo rapporto è una funzione universale che dipende dalla frequenza e dalla temperatura ed è indipendente dalla natura dell'oggetto misurato. Mentre il valore dell'emissività e quello dell'assorbività sono specifici per ogni corpo, il loro rapporto è universale e se così non fosse non ci sarebbe equilibrio termodinamico.

Essi, definendo il concetto di radiazione in equilibrio e di rapporto tra emissività e assorbività, formularono implicitamente il concetto di corpo nero assoluto per cui se l'assorbività fosse uguale all'unità, l'emissività di un corpo di superficie unitaria coinciderebbe con la funzione universale.

Nel 1894 Wien pubblicò un articolo sulla temperatura e l'entropia della radiazione in cui i termini temperatura ed entropia erano estesi alla radiazione nello spazio vuoto. Nel suo lavoro egli era portato a definire un corpo ideale, che chiamò corpo nero perché assorbiva completamente la radiazione. Nel 1896 egli pubblicò la formula che porta il suo nome. La teoria non era ancora adeguata perché, mentre era corretta per le alte frequenze, non lo era per le basse frequenze.

Nel 1894 Karl Ernst Ludwig Marx Planck detto Max (1858-1957) volse la sua attenzione al problema dell'emissione del corpo nero poiché una compagnia elettrica gli aveva commissionato la realizzazione di una lampada che producesse il massimo di luce con il minimo di energia. Nel 1905 Willian Strutt, Barone di Rayleigh, e Sir James Jeans proposero, per primi, una legge che si accordava con gli esperimenti per varie lunghezze d'onda elevate e tuttavia prediceva che l'energia divergeva verso l'infinito appena le lunghezze d'onda si avvicinavano allo zero (quando la frequenza si approssima all'infinito). Ciò non era per niente verificato dagli esperimenti, e il fallimento della teoria divenne noto come la "catastrofe ultravioletta" ma, contrariamente a quello che si scrive sui libri, non motivò la nascita della teoria quantistica.

Nel 1900 Max Planck ottenne una formula differente da quella di Rayleigh-Jeans e questa formula non era soggetta alla catastrofe ultravioletta e si accordava con i dati sperimentali.

In un primo tempo Planck fece delle ipotesi su ciò che egli chiamò il "principio di disordine elementare", che gli avrebbe permesso di ottenere la legge di Wien, utilizzando un certo numero di assunzioni sull'entropia[1] di un oscillatore elementare. Si accorse subito che i risultati sperimentali non erano in accordo con la sua teoria. Allora egli la rivide introducendo, anche se con una certa riluttanza, i concetti di meccanica statistica che Ludwig Boltzmann aveva introdotto nell'interpretazione del secondo principio della termodinamica.

L'assunzione principale era che l'energia potesse essere emessa attraverso una forma quantizzata o, in altre parole, che l'energia fosse proporzionale alla frequenza di emissione attraverso una costante, la cosiddetta costante h di Planck. Questa divenne nota come il *quantum* di azione di Planck.

Dapprima egli considerò la "quantizzazione" come un'assunzione puramente formale, incompatibile con le leggi classiche. Tuttavia, già Boltzmann nel 1877 aveva ipotizzato che gli stati energetici di un sistema fisico potessero essere discreti e non continui come si pensava. Come ebbe a dire il filosofo e storico della scienza Thomas Kuhn: "Anche se Planck non si rendeva conto che stava introducendo il *quantum* come un'entità fisica, la sua scoperta avrebbe avuto un impatto fondamentale sulla scienza".

Planck tentò di comprendere pienamente il significato di energia dei *quanti*, ma non vi riuscì. In un suo scritto dice: "Il mio ineffi-

---

[1] Ci sono due definizioni relative di entropia: la definizione termodinamica e quella della meccanica statistica. Storicamente, il concetto di entropia si è evoluta al fine di spiegare perché alcuni processi sono spontanei e altri non lo sono. L'entropia è quindi una misura della tendenza di un sistema verso il cambiamento spontaneo. In meccanica statistica, l'entropia è essenzialmente una misura del numero di modi in cui un sistema può essere organizzato, spesso considerato come una misura di "disordine" (più alta entropia, maggiore è il disordine).

cace tentativo di reintegrare in un qualche modo l'azione del *quantum* nella teoria classica mi ha messo in una situazione di difficoltà". Anche Raylegh, Jeans e Lorentz cercarono di comprendere il profondo significato della costante di Planck e tentarono di metterla a zero, per cercare di allineare la sua teoria alla fisica classica, ma si accorsero che non era possibile e che la costante di Planck aveva un valore preciso che non era zero.

Si deve ad Albert Einstein (1879-1955) nel 1905 la piena interpretazione della legge di corpo nero di Planck, tanto che ancora Thomas Kuhn scrisse che "la teoria quantistica doveva assai di più a Einstein che a Planck".

Nel 1911 Ernest Rutherford aveva ipotizzato un modello di atomo che consisteva in un piccolo nucleo pesante carico messo al centro dell'atomo stesso. Questo nucleo era circondato da cariche di segno opposto di cui non era nota la distribuzione. Partendo da questo modello, Niels Bohr (1885-1962) nel 1913 assunse che l'atomo potesse esistere permanentemente solo in una serie di stati, noti come stati stazionari, caratterizzati da valori discreti di energia. Quando gli atomi emettono o assorbono energia, sono sottoposti a una transizione da uno stato stazionario a un altro. Egli assunse che se la radiazione emessa o assorbita ha frequenza definita ν, esiste una proporzionalità tra la variazione di energia nell'atomo, data dalla differenza delle energie [l'energia si indica con E, per cui $E' - E'' = h\nu$] di due stati stazionari, e la frequenza attraverso la costante di Planck h. La relazione è nota come la *condizione della frequenza di Bohr*. L'assunzione di Bohr era in contraddizione con l'elettrodinamica classica che non impone alcuna restrizione sull'energia assorbita o emessa. Tuttavia la teoria di Bohr fornì i valori corretti della lunghezza d'onda delle linee spettrali dell'atomo d'idrogeno e della costante di Rydberg[2] e anche spiegò alcune delle caratteristiche della tavola degli elementi periodici. La sua teoria non chiariva in alcun modo quali fossero le leggi che governavano le transizioni. Nel 1917 Einstein, nell'articolo *On the quantum theory of radiation*, introdusse

[2] La costante di Rydberg rappresenta la massima frequenza di un fotone che può essere emessa da un atomo di idrogeno, o alternativamente la frequenza del fotone con la minima energia richiesta per ionizzare tale atomo.

il concetto di probabilità di transizione tra gli stati. Si può dire che solo sulla base dei risultati di quest'articolo Einstein diede un contributo fondamentale alla fisica.

Intanto venivano studiati altri fenomeni che non erano ancora ben chiari. Tra questi vi era un altro effetto fisico che poteva essere riconducibile all'emissione di fotoni: l'effetto fotoelettrico.

Questo effetto era stato scoperto da Heinrich Rudolf Hertz nel 1880 ed era dovuto alle proprietà di certe superfici che esposte alla radiazione elettromagnetica, oltre certe soglie di frequenza, assorbono luce ed emettono elettroni.

Nei primi mesi del 1888, il fisico italiano Augusto Righi, nel tentativo di spiegare i fenomeni osservati su di una lastra metallica conduttrice investita da una radiazione ultravioletta che si caricava positivamente, per primo introdusse il termine fotoelettrico per descrivere il fenomeno.

Nel 1902 Phillip Eduard Anton von Lenard estese il lavoro di Hertz. Egli analizzò la natura di questo effetto nel vuoto, mostrando che quando la luce ultravioletta cade su di un metallo sottrae dal metallo degli elettroni che si propagano poi nel vuoto, dove possono essere accelerati o decelerati da un campo elettrico. Inoltre, la loro traiettoria poteva essere incurvata da un campo magnetico. Attraverso delle misure esatte, egli dimostrò che il numero di elettroni estratti era proporzionale all'energia della luce incidente. La loro velocità, cioè la loro energia cinetica, era invece indipendente da questa e variava solo con la lunghezza d'onda (cresceva quando questa diminuiva).

Questo fatto era in conflitto con le teorie di quel tempo e non aveva spiegazione finché Einstein spiegò teoricamente il fenomeno che più tardi fu verificato sperimentalmente da Robert Millikan.

Le misure di von Lenard erano anche in contrasto con la teoria della luce di Maxwell che prediceva che l'energia era proporzionale all'intensità della radiazione. Einstein risolse il paradosso descrivendo la luce come composta da *quanta* discreti, poi chiamati fotoni da Gilbert Lewis, piuttosto che da onde continue. Egli teorizzò che l'energia in ciascun *quantum* di luce era uguale alla frequenza di emissione del fotone moltiplicata per una costante, ancora la costante di Planck.

Oggi sappiamo che l'effetto fotoelettrico consiste nell'emissione di cariche elettriche negative, gli elettroni, da una superficie, solitamente metallica, quando questa viene colpita da una radiazione elettromagnetica avente una certa frequenza. Se l'energia è troppo bassa l'elettrone non è in grado di uscire dal materiale. Aumentando l'intensità della luce, cresce il numero di fotoni presenti nel fascio luminoso e quindi cresce il numero di elettroni emessi, senza aumentare l'energia che ciascun elettrone possiede. Quindi l'energia degli elettroni emessi non dipende dall'intensità della radiazione che arriva, ma solo dall'energia di ciascun fotone individualmente.

Einstein, nella teoria della relatività speciale, riconciliò la meccanica con l'elettromagnetismo. In seguito, con la teoria della relatività generale, cercò di estendere il principio di relatività ai moti non uniformi e di formulare una nuova teoria della gravitazione.

Nel 1911 Einstein pubblicò un articolo in cui dedusse un effetto della gravità sulla propagazione della luce: la deflessione della luce in presenza del campo gravitazionale del Sole. Egli propose di misurare come si spostavano, radialmente lontano dal Sole, le immagini delle stelle di fondo durante un'eclissi. Per meglio chiarire la tecnica, si devono confrontare le distanze angolari tra le stelle presenti in quella regione, prese durante un'eclissi totale e a qualche mese di distanza, di modo che il Sole nel suo percorso apparente lungo l'eclittica non sia più presente in quella regione della volta celeste. Erwin Freundlich, amico e collega di Einstein, pianificò di verificare la previsione di Einstein durante un'eclissi che si sarebbe verificata il 21 agosto 1914 in Russia. Purtroppo, a causa dello scoppio della prima guerra mondiale nell'aprile del 1914, Freundlich non poté effettuare la spedizione.

Nel 1915 Einstein pubblicò il suo lavoro sulla relatività generale in cui ancora una volta formulò la deflessione della luce trovandola però, rispetto all'articolo del 1911, due volte più grande per una stella vista vicino al Sole: 1,75 a/r secondi d'arco, dove a è il raggio del Sole e r è la distanza della linea di vista dal centro del Sole. La deviazione è quindi di 1,75 secondi d'arco se le traiettorie sono radenti alla superficie del Sole, poiché $a=r$.

In Gran Bretagna c'era un comitato permanente, fondato nel 1894 e durato in carica fino al 1970, che si occupava di eclissi: il Joint Permanent Eclipse Committee (JPEC), che era costituito dalla Royal Astronomical Society e dalla Royal Society. Il comitato aveva ricevuto una lettera di Freundlich che fu letta durante una riunione tenutasi il 13 dicembre 1913, che suggeriva al JPEC di organizzarsi per fotografare le stelle vicine al Sole durante l'eclissi, in connessione con la sua indagine sulla possibile deflessione dei raggi luminosi soggetti al campo gravitazionale del Sole. Il comitato rispose che non aveva a disposizione uno strumento adatto.

Nonostante la guerra il JPEC aveva continuato a riunirsi e il 10 dicembre 1917, sotto la presidenza di Dyson, Astronomo Reale, in presenza di A. Eddington che era stato invitato per l'occasione, deliberò di finanziare due spedizioni. È interessante leggere il resoconto del convegno:

> L'attenzione fu portata dall'Astronomo Reale sull'importanza dell'eclisse del 28-29 maggio 1919, nel senso che riconosce un'opportunità particolarmente favorevole per verificare gli spostamenti delle stelle che sono vicine al Sole che sono previsti dalla teoria della relatività. È stato pure puntualizzato che tali condizioni favorevoli sono assai rare e che non ci saranno delle eclissi egualmente adatte per molti anni. Ci sono tre possibili stazioni (1) al Nord del Brasile, (2) l'isola di Principe sulla costa Ovest dell'Africa, (3) vicino alle sponde occidentali del lago Tanganika. Il Comitato ha considerato che, se possibile, le spedizioni dovessero esser inviate a due di queste stazioni (McCrea).

Il comitato decise di creare una sottocommissione formata da Dyson, Eddington, Turner e Fowler, che studiasse i dettagli dell'organizzazione con riferimento alle osservazioni proposte. La sottocommissione lavorò dal maggio 1918 al febbraio 1919 fornendo tutti gli elementi necessari per intraprendere le spedizioni.

Nel frattempo, l'11 novembre 1918, era stato firmato l'armistizio e quindi nel luglio 1919 le spedizioni poterono partire: una, quella di A.D. Crommelin e C.R. Davidson del Royal Observatory di Greenwich, andò a Sobral nel nord del Brasile e l'altra, guidata da Eddington cui era stato associato un esperto in orologi di Cambridge, E.T. Cottingham, andò all'isola di Principe nel Golfo della Guinea. Nonostante le nuvole sopra l'isola di Principe, Eddington riuscì a ottenere due lastre fotografiche contenenti cinque immagini di stelle utilizzabili per l'esperimento. Poiché le condizioni meteorologiche di Sobral erano buone, la spedizione ottenne tre lastre fotografiche con sette immagini di stelle. Le lastre fatte a Principe furono portate a Cambridge e diedero come risultato 1,61 secondi d'arco con un errore di 0,30 secondi d'arco, mentre le lastre di Sobral, analizzate a Greenwich, diedero un valore di 1,98 secondi d'arco con un errore di 0,12 secondi d'arco. I risultati furono presentati da Dyson ed Eddington a una riunione congiunta della Royal Society e della Royal Astronomical Society il 6 novembre 1919. Fu subito chiaro che i due insiemi di dati, presi in due diverse località e trattati da due differenti laboratori, erano entro gli errori di misura in completo accordo con le previsioni di Einstein. J.J. Thompson presente alla riunione si complimentò per lo storico risultato. Certamente il risultato va ascritto a Dyson e Eddington, ma non va dimenticata la figura di Freundlich che pose il problema all'attenzione del JPEC.

Einstein aveva prodotto una nuova teoria della gravitazione che non solo si accordava con quanto previsto dalla teoria newtoniana, ma spiegava la così detta precessione del perielio di Mercurio, mostrata dagli astronomi ottocenteschi Urbain Le Verrier e Simon Newcombe. Questi avevano analizzato indipendentemente, mediante la teoria delle perturbazioni in uso a quel tempo nella meccanica celeste, l'effetto prodotto sull'orbita di Mercurio dall'azione degli altri corpi principali del sistema solare e avevano mostrato che restava inspiegata una precessione anomala di circa 43 secondi d'arco per secolo. Scrive McCrea:

> Effettivamente, come Newton stesso aveva esplicitamente speculato, si potrebbe ritenere che la gravitazione newtoniana ammettesse un tale fenomeno, ma un calcolo newtoniano dava il valore che Einstein aveva dato nel 1911, non quello due volte più grande dato dalla relatività generale e ora confermato dall'osservazione.

Einstein fu anche suggeritore e collaboratore di altri scienziati. Nel 1924 Einstein ricevette da Satyendranath Bose una descrizione di un modello statistico basato sul fatto che la luce potesse essere trattata come un gas di particelle indistinguibili.

Quest'articolo era basato su una lezione-conferenza che Bose aveva tenuto riguardo la catastrofe ultravioletta. Volendo mostrare ai suoi studenti che la teoria prevedeva risultati in disaccordo con i risultati sperimentali, Bose fece un imbarazzante errore di statistica che forniva, invece, una predizione teorica in accordo con le osservazioni sperimentali.

L'errore era un semplice equivoco che appariva sbagliato a chiunque avesse delle conoscenze di base di statistica classica. Nonostante questo errore, i risultati della teoria risultavano corretti e in accordo con gli esperimenti, per cui Bose si rese conto che, in realtà, avrebbe potuto non essere un equivoco.

Le riviste di fisica si rifiutarono di pubblicare l'articolo di Bose, sostenendo che egli aveva presentato loro un semplice errore, così i suoi risultati furono ignorati. Scoraggiato, scrisse ad Albert Einstein, il quale invece fu subito d'accordo con le sue teorie.

Per esemplificare l'errore fatto da Bose, supponiamo di prendere due scatole A e B e due sferette differentemente colorate. Mettendo le sferette a caso nelle scatole, poiché le sferette sono distinte, ci sono quattro possibili situazioni. Difatti potremo avere che le sferette sono tutte e due nella scatola A o tutte e due nell'altra scatola B, oppure la rossa nella scatola A e la nera nella scatola B o viceversa. In questo modo la probabilità è pari a un quarto. Adesso pensiamo che le sferette non siano più distinguibili. Ancora mettiamo le due sferette nelle scatole. Avremo le seguenti situazioni: due sferette in A, oppure due sferette in B e una sferetta in A e una in B… e basta. Infatti, non potendo distinguere le sferette, non ha senso distinguere quella che è in A e quella che è in B e viceversa. Questo accade effettivamente per una particella elementare, in quanto un oggetto indivisibile, non decomponibile ulteriormente, non può avere segni di riconoscimento Poiché i fotoni sono indistinguibili tra loro, due fotoni aventi la medesima energia non si possono considerare come diversi tra loro. In tal caso avremo tre possibili situazioni e la probabilità sarebbe una su tre come predetto da Bose.

Da questa idea, i due fisici predissero l'esistenza del fenomeno che appariva a bassissima temperatura e che divenne noto come lo stato di condensazione di Bose-Einstein.

Un condensato di Bose-Einstein è un insieme di particelle avente una caratteristica particolare, lo spin intero, il cui significato fisico vedremo più oltre quando tratteremo dell'atomo. Queste particelle furono chiamate "bosoni" in onore di Bose. La loro esistenza fu dimostrata sperimentalmente nel 1995 da Eric Cornell e Carl Wieman.

Non tutte le particelle sono dei bosoni, ci sono anche delle particelle che si chiamano "fermioni" in onore di Fermi che ne studiò la statistica. L'esempio che possiamo utilizzare è lo stesso di quello usato per i bosoni, solo che dobbiamo aggiungere che queste particelle hanno spin semi-intero e sono soggette al principio di esclusione di Pauli. Tale principio dice che non più di una particella a spin semi-intero può occupare lo stesso stato quantico, sono proibite occupazioni multiple dello stesso stato quantico (nel nostro esempio le scatole). Allora, nel caso di due particelle in due stati quantici, l'unica possibilità consiste nel mettere le due particelle in stati quantici diversi, per il nostro esempio in due scatole differenti, per cui abbiamo una sola situazione e quindi la probabilità è uno. Ovviamente le cose si complicano se abbiamo un maggior numero di stati quantici e un maggior numero di particelle, ma l'approccio usato rimane lo stesso. Fermi aveva pubblicato la nuova statistica sui rendiconti dell'Accademia dei Lincei in un articolo dal titolo *Sulla quantizzazione del gas perfetto monoatomico*. Erroneamente egli a quel tempo supponeva che tutti gli atomi soddisfacessero il principio di esclusione di Pauli, mentre oggi sappiamo che questo succede solo a quelli composti da un numero dispari di fermioni. Viceversa, gli atomi composti da un numero pari di fermioni sono dei bosoni, come per esempio l'elio che, essendo composto da sei fermioni, è un bosone. Nel 1926 la statistica quantica era piuttosto oscura: da un lato c'era la statistica classica, poi questa teoria "bizzarra" di Bose; una sola cosa era chiara: la teoria di Fermi che discendeva dal principio di esclusione di Pauli. Inoltre non era evidente il legame tra le due statistiche. La soluzione definitiva giungerà nell'agosto del 1926 quando Dirac troverà la soluzione del problema e la formulazione definitiva delle teorie quantistiche nell'ambito della nuova teoria ondulatoria (Pais).

Einstein suggerì anche a Erwin Schroedinger (1887-1961) un'applicazione sull'idea di Planck, cioè di trattare i livelli energetici di un gas come se fossero un insieme piuttosto che molecole individuali.

Einstein ebbe anche degli scontri con altri scienziati, come per esempio con Bohr sul "principio di complementarietà". Questo principio era basato sul fatto che la luce si comportava sia come un'onda sia come una particella, a seconda del quadro sperimentale.

Bohr aveva trovato anche delle implicazioni filosofiche, mentre Einstein preferiva il determinismo della fisica classica piuttosto che la natura probabilistica di Bohr. Ne nacque un dibattito noto come il dibattito tra Bohr ed Einstein, il cui tema era: "La meccanica quantistica nell'interpretazione della scuola di Copenhagen".

Non va dimenticato che nel frattempo erano state prodotte delle macchine che producevano un singolo fotone che poteva essere sparato prima su una e poi su due fenditure. In quest'ultimo caso si ottenevano delle figure di diffrazione analoghe a quelle ottenute con un pacchetto di onde luminose. Nacque allora il problema di giustificare come mai un fotone singolo passasse contemporaneamente dalle due fenditure e nacque quindi il dualismo onda-corpuscolo.

Inoltre Werner Karl Heisenberg nel 1927 aveva postulato il principio d'indeterminazione, per il quale non è possibile misurare contemporaneamente la posizione e la velocità di un elettrone con certezza. In tal modo complementarietà e incertezza definivano tutte le proprietà del mondo fisico che, quindi, non era affatto deterministico. È interessante seguire il ragionamento che fa Heisenberg:

> Se si vuole venire in chiaro di ciò che si deve intendere con l'espressione "posizione dell'oggetto", per esempio dell'elettrone (relativamente a un sistema di riferimento dato), si devono indicare determinati esperimenti con l'aiuto dei quali si pensa di misurare la "posizione dell'elettrone"; altrimenti quest'espressione non ha alcun senso. Esperimenti tali da permettere in linea di principio di determinare con precisione arbitraria "la posizione dell'elettrone" non mancano; per esempio: s'illumini l'elettrone e lo si osservi al microscopio. La più alta precisione possibile conseguibile nella determinatezza della posizione è data qui essenzialmente dalla lunghezza d'onda impiegata. Tuttavia in linea di principio si può costruire un microscopio a raggi gamma e con questo eseguire la determinazione della posizione con la precisione desiderata. In questa determinazione è comune osservare una circostanza collaterale: l'effetto

Compton[3]. Ogni osservazione della luce diffusa, provenendo dall'elettrone, presuppone un effetto fotoelettrico (nell'occhio, sulla lastra fotografica, nella fotocellula), e può quindi essere interpretata nel senso che se un quanto di luce colpisce l'elettrone viene riflesso da questo e viene deviato e quindi, ancora rifratto dalle lenti del microscopio, provoca il fotoeffetto. Nell'istante della determinazione della posizione, dunque nell'istante in cui il quanto di luce è deviato dall'elettrone, l'elettrone cambia il suo impulso in maniera discontinua. Tale cambiamento è tanto più grande quanto più piccola è la lunghezza d'onda della luce impiegata, cioè quanto più precisa è la determinazione della posizione. Nel momento in cui la posizione dell'elettrone è nota, il suo impulso può quindi essere conosciuto soltanto a meno di quantità che corrispondono a quel cambiamento discontinuo; di conseguenza quanto più precisamente è determinata la posizione, tanto più imprecisamente è conosciuto l'impulso e viceversa.

Scrive Gembillo all'introduzione della raccolta di alcuni saggi di Heisenberg:

> Heisenberg muoveva innanzi tutto dalla definizione dei concetti di posizione e velocità dell'elettrone durante la traiettoria che esso descriverebbe orbitando attorno al nucleo, e dimostrava che tali "grandezze" possono essere conosciute contemporaneamente non con la precisione voluta, ma con una caratteristica approssimazione, per la quale appunto: *quanto più precisamente è determinata la posizione, tanto più imprecisamente è conosciuto l'impulso e viceversa.*

3 La diffusione di Compton o effetto Compton è il risultato di un tipo di diffusione che producono i fotoni X o i raggi gamma quando collidono con la materia. L'urto anelastico dei fotoni con la materia produce una diminuzione energetica. Parte dell'energia dei raggi X o gamma è trasferita a un elettrone di diffusione che indietreggia e viene espulso dal suo atomo, mentre la restante energia (che si ionizza) è presa per diffusione dai fotoni degradati. Il fenomeno, osservato per la prima volta da Arthur Compton nel 1922, divenne ben presto uno dei risultati sperimentali decisivi in favore della descrizione quantistica della radiazione elettromagnetica.

Sempre Gembillo:

> Quando però egli [Heisenberg] passò alla formalizzazione matematica della propria ipotesi vide aumentare sia le difficoltà teoriche sia quel carattere di astrattezza che intendeva espressamente superare. In particolare si accorse che le relazioni tra le due grandezze fondamentali, la posizione e la velocità dell'elettrone all'interno dell'atomo, generavano una "stranezza" imprevista: il loro "prodotto" doveva essere calcolato non secondo le regole tradizionali, ma mediante una sorta di calcolo simbolico che aveva "inventato" lì per lì, in base al quale non sempre si realizzavano le condizioni classiche della possibilità di "commutazione" dei termini da moltiplicare.

Siccome Heisenberg non conosceva bene il calcolo matriciale, fu solo con la collaborazione di Max Born e Pascual Jordan, che invece lo conoscevano bene, che riuscì a formulare uno schema di meccanica quantistica facente uso di matrici per rappresentare le grandezze cinematiche. Con meraviglia degli stessi autori risultò che l'algebra delle matrici da usare era non commutativa. Cominciava lentamente a prendere forma quella che sarà detta meccanica delle matrici o meccanica quantistica, al cui sviluppo contribuirà Pauli.

Scrive ancora Heisenberg:

> Nella formulazione netta della legge di causalità, *Se conosciamo esattamente il presente, possiamo calcolare il futuro*, è falsa non la conclusione ma la premessa. Noi non possiamo in linea di principio conoscere il presente in ogni elemento determinante. Perciò ogni percepire è una selezione da una quantità di possibilità e una limitazione delle possibilità future. Poiché il carattere statistico della teoria quantistica è così strettamente collegato all'imprecisione di ogni percezione, si potrebbe essere indotti erroneamente a supporre che al di là del mondo statistico percepito si celi ancora un mondo "reale", nel quale è valida la legge della causalità. Ma tali speculazioni ci sembrano, insistiamo su questo punto, infruttuose e insensate. La fisica deve descrivere formalmente solo la connessione delle percezioni. Si può caratterizzare molto meglio il vero stato delle cose in questo modo: poiché tutti gli esperimenti sono

soggetti alle leggi della meccanica quantistica, e dunque all'equazione [$\Delta p\ \Delta q \sim h$][4], mediante la meccanica quantistica viene stabilita definitivamente la non validità della legge di causalità.

Muovendo da questa scoperta Heisenberg giustificava la necessità di utilizzare, nella meccanica quantistica, solo connessioni statistiche.

Nel 1923 il fisico francese Louis-Victor Pierre Duca de Broglie, di origine piemontese e comunemente chiamato Louis de Broglie, la cui famiglia si era trasferita in Francia nel XVII secolo, meditando sulle simmetrie della natura, cercò di superare il dualismo ondulatorio e corpuscolare.

Nel suo discorso al conferimento del premio Nobel nel 1929, de Broglie, dopo aver fatto un lungo *excursus* sulla storia della natura della luce fino al momento della sua teoria, scrive:

> La necessità di assumere per la luce due teorie contraddittorie, quella dell'onda e quella dei corpuscoli, e l'incapacità di capire perché, fra l'infinità dei moti cui un elettrone doveva essere soggetto in un atomo in accordo con i concetti classici, solo alcuni erano possibili: tali erano gli enigmi che dovevano affrontare i fisici al tempo in cui io ripresi i miei studi di fisica teorica.
> Quando iniziai a ponderare queste difficoltà due cose mi colpirono. Dapprima che la teoria luce-*quantum* non può essere considerata soddisfacente poiché definisce l'energia di un corpuscolo di luce dalla relazione $E = h\nu$ che contiene la frequenza ν. Ora una teoria puramente corpuscolare non contiene alcun elemento che permette la definizione di una frequenza. Questa sola ragione rende necessario, nel caso della luce, introdurre simultaneamente il concetto di corpuscolo e il concetto di periodicità. D'altra parte la determinazione dei moti stabili degli elettroni nell'atomo coinvolge dei numeri interi, e finora i soli fenomeni in cui sono coinvolti i numeri interi in fisica erano quelli dell'interferenza e delle autovibrazioni[5]. Il che mi suggeriva l'idea

---

[4] Cioè il prodotto di due imprecisioni non può essere inferiore alla costante di Planck h (nel caso unidimensionale $q = x$, e p, l'impulso, è il prodotto della massa per la velocità).

[5] Un sistema adeguatamente eccitato può vibrare in uno dei suoi n modi normali. La combinazione lineare di questi n modi si chiama autovibrazione.

> che gli elettroni stessi non potessero essere rappresentati come semplici corpuscoli, ma che gli si doveva assegnare anche una periodicità.
> Arrivai quindi al seguente compiuto concetto che ha guidato i miei studi: sia per la materia sia per la radiazione, in particolare la luce, è necessario introdurre allo stesso tempo il concetto di corpuscolo e il concetto di onda. In altre parole si doveva assumere in tutti i casi che l'esistenza di corpuscoli si accompagnava a quello delle onde. Tuttavia dacché i corpuscoli e le onde non possono essere indipendenti perché, in accordo con la relazione di Bohr [vista in precedenza], essi costituiscono due forze complementari della realtà, deve essere possibile stabilire un certo parallelismo tra il moto di un corpuscolo e la propagazione di un'onda associata. Il primo obiettivo da raggiungere doveva, quindi, essere quello di stabilire questa corrispondenza.

De Broglie univa la relazione di Einstein sull'energia, in cui questa è proporzionale al prodotto della massa per il quadrato della velocità della luce, con la relazione che esprime l'energia di un *quantum* di radiazione elettromagnetica in funzione della sua frequenza. Otteneva una relazione di proporzionalità tra la frequenza di un'onda e il prodotto della massa della particella per il quadrato della velocità della luce. In definitiva ne deduceva che era proporzionale al suo impulso o quantità di moto, e proporzionale alla costante di Planck. Era cioè un fenomeno periodico esteso nello spazio che circondava la particella. La natura dualistica dei fenomeni luminosi era così estesa da de Broglie a ogni forma di materia: dal piccolo elettrone, all'atomo, a qualsiasi ente microscopico in movimento. Egli osservò inoltre che a parità di velocità, più grande è la massa, minore è la lunghezza dell'onda.

La formula di de Broglie associa a una particella con velocità nota un'onda monocromatica estesa a tutto lo spazio, che ha eguale probabilità di trovarsi in tutti i punti dello spazio, e non ha senso parlare della sua posizione che è totalmente indeterminata. Se invece si vuol determinare la sua velocità, si deve assegnare la sua posizione con una certa indeterminazione, e l'onda associata alla particella non è più monocromatica ma ha uno spettro di lunghezze d'onda che si chiama pacchetto d'onde.

Tale pacchetto si propaga nello spazio con una velocità, chiamata velocità di gruppo, uguale alla velocità della particella. La velocità di gruppo è spesso considerata la velocità alla quale l'energia o l'informazione sono trasportate dall'onda. In molti casi questa è una visione accurata, e la velocità di gruppo può essere pensata come la velocità di segnale della forma d'onda. Esiste anche un altro tipo di velocità dell'onda: la velocità di fase. Questa è la velocità alla quale si propaga la fase di un'onda nello spazio. La fase è data dal rapporto tra la lunghezza d'onda e il periodo, o analogamente tra la frequenza angolare e il numero d'onda. In un mezzo disperdente la velocità di fase varia con la frequenza e non è necessariamente la stessa della velocità di gruppo dell'onda. Sotto certe condizioni la velocità di fase supera quella della luce nel vuoto. Questo fenomeno non implica la negazione dei presupposti della relatività che considera come velocità limite quella del segnale.

All'inizio del 1926 il fisico matematico austriaco Erwin Schroedinger formulava un'equazione che permetteva di descrivere compiutamente ogni singola proprietà ondulatoria della materia. Essa migliorava l'equazione delle onde materiali di de Broglie e, con l'introduzione della funzione d'onda, consentiva di descrivere il comportamento nello spazio e nel tempo delle particelle. Inoltre permetteva di trovare una particella all'interno dello spazio corrispondente alle dimensioni della propria onda associata, calcolando la distribuzione "probabilistica".

Uno dei momenti più alti della discussione sulla meccanica quantistica si ebbe in una serie di dibattiti pubblici tra Einstein e Bohr. Un estratto di questi dibattiti si trova in una memoria di Bohr intitolata *Discussion with Einstein on epistemological problems in atomic physics*. Questi dibattiti si protrassero fino alla morte di Einstein nel 1955, ma la fase più attiva fu tra il 1927 e il 1936.

Einstein rifiutava di accettare l'indeterminismo quantistico e pensava di dimostrare che il principio d'indeterminazione potesse essere violato suggerendo degli esperimenti concettuali che avrebbero permesso di determinare la posizione e la velocità di una particella quantica o di rivelare esplicitamente gli aspetti simultanei di onda e di particella dello stesso processo.

La prima critica che Einstein rivolse alla teoria della complementarietà e al principio d'indeterminazione fu durante il quinto congresso di Fisica all'Istituto Solvay a Bruxelles nel 1927. Il suo punto di vista era basato sul fatto che era possibile trarre vantaggio dalla legge sulla conservazione dell'energia e dell'impulso, universalmente accettato, per ottenere informazioni sullo stato di una particella durante un fenomeno d'interferenza.

Einstein propose di compiere un esperimento concettuale (o mentale) che coinvolgesse uno schermo con due fenditure che Einstein aveva modificato in modo tale da poter dire attraverso quale fenditura un'entità quantistica era passata pur continuando a esistere la configurazione d'interferenza. Questo schermo, che era montato su dei rulli ed era in grado di muoversi, era bombardato con un'entità quantistica. Questa entità incideva perpendicolarmente allo schermo mobile e, se era una particella, interagendo con lo schermo mobile, avrebbe subito una deviazione dalla direzione originaria di propagazione. Per effetto della legge di conservazione dell'impulso, che implica che la somma degli impulsi di due sistemi che interagiscono si conservi, avrebbe colpito lo schermo fisso in modo tale che se la particella incidente fosse stata deviata verso l'alto, questi avrebbe rinculato verso il basso e viceversa.

Misurando il moto dello schermo mobile sarebbe stato possibile conoscere attraverso quale fenditura era passata l'entità quantistica pur continuando ad avere ancora una figura d'interferenza. Se si fosse potuto realizzare un tale dispositivo, si sarebbe visto che quell'entità quantistica agiva, allo stesso tempo, come una particella (cioè quando si poteva dire attraverso quale fenditura era passata) e un'onda (a causa della figura d'interferenza). Questo avrebbe contraddetto l'idea di complementarietà di Bohr.

Bohr rilevò subito che per vedere attraverso quale fenditura era passata questa entità era necessario misurare con altissima accuratezza il movimento dello schermo. Ogni possibile minore accuratezza non avrebbe fornito alcuna informazione utile a dirci attraverso quale fenditura quell'entità era passata. Tuttavia, a causa del principio d'indeterminazione, c'era ancora un grado d'incertezza sulla posizione della fenditura. L'incertezza sulla posizione della fenditura sarebbe stata sufficiente a eliminare la figura d'interferenza perché per ottenere una figura d'interferenza è richiesto che ci sia una certa relazione tra la lunghezza d'onda dell'entità quantica, la distanza tra le fenditure e la distanza del primo schermo dal secondo. Difatti, piazzando il primo schermo su rulli in modo da poter osservare il movimento delle fenditure per poter dire in quale fenditura l'entità quantistica è entrata, ci sarebbe un'incertezza nella posizione delle fenditure tale da eliminare le figure d'interferenza.

Siccome Einstein, inoltre, pensava che l'esperimento che mostrava la teoria di Bohr non potesse descrivere il comportamento dei singoli elettroni, inventò un ulteriore esperimento concettuale in cui un fascio di elettroni colpiva uno schermo con una singola fenditura. Gli elettroni che passavano attraverso la fenditura avrebbero prodotto una figura di diffrazione su di un secondo schermo. Se un elettrone fosse arrivato in un punto A del secondo schermo noi, immediatamente, avremmo saputo che non poteva essere arrivato in un altro punto, diciamo B. Poiché la teoria quantistica non spiegava perché l'elettrone arrivava in A piuttosto che in B e prediceva solo la probabilità che un elettrone particolare colpisca un particolare punto sul secondo schermo, Einstein suggerì di cercare una teoria migliore.

La replica di Bohr fu che c'era una variazione del momento dell'elettrone appena questo passava attraverso la fenditura a causa dell'interazione tra elettrone e schermo. La larghezza della fenditura che influenzava la posizione dell'elettrone e il cono dell'onda portava a un grado d'incertezza nella posizione dell'elettrone appena il suo momento cambiava. Questa incertezza era consistente con il principio di Heisenberg e il solo modo di predire con certezza dove un elettrone sarebbe caduto sarebbe stato quello di avere una dimensione della fenditura uguale a zero (cioè nessuna fenditura) o un infinito numero di anelli di diffrazione (cioè nessuna diffrazione).

È importante notare che la natura ondulatoria dei processi fisici implica che deve esistere un'altra relazione d'indeterminazione: quella tra tempo ed energia. Anche questa relazione d'indeterminazione fu bersaglio della critica di Einstein nella sesta conferenza all'Istituto Solvay del 1930, quando tentò di confutare la teoria quantica con l'esperimento dell'orologio: *Clock in the box experiment*.

La sua idea prevedeva l'esistenza di un apparato sperimentale che era costituito da una scatola con un buco in una parete coperta da un otturatore che poteva essere chiuso o aperto attraverso un meccanismo a orologeria dentro la scatola. La scatola conteneva anche un corpo, il cui peso era aggiunto a quello della scatola, che emetteva radiazione. La scatola veniva pesata prima e dopo che si era aperto l'otturatore e un fotone era uscito. La differenza tra le due pesate ci avrebbe detto quanta energia era uscita utilizzando la formula $E=mc^2$. Per il principio d'indeterminazione non è possibile ottenere una misura esatta dell'energia del fotone e del tempo in cui questo era stato rilasciato. L'esperimento di Einstein fu disegnato per mostrare come fosse possibile fare una misura esatta misurando il tempo di rilascio dell'energia e pesando la scatola in modo da rilevare la quantità di energia emessa.

Bohr progettò un apparato in modo da evidenziare gli elementi essenziali e i punti chiave che avrebbe usato nella sua risposta. La scatola fu sospesa a una molla in modo da poterne misurare il peso in un campo gravitazionale. Per avere una misura del peso della scatola con il corpo che avrebbe emesso radiazione, fu attaccato alla scatola un indicatore che puntava a un indice graduato. Dopo che il fotone aveva lasciato la scatola, venivano aggiunti dei pesi, accuratamente misurati, in modo da riportare l'indice alla posizione iniziale. I pesi aggiunti davano il peso del fotone che era uscito. Questa misura era soggetta a un'imprecisione sia per quanto riguarda la posizione sia per il momento della scatola, il che comportava un'incertezza nell'energia del fotone rilasciato. Inoltre c'era una un'incertezza nel tempo in cui veniva rilasciata dell'energia poiché il tempo dipende dalla posizione dell'orologio nel campo gravitazionale. Tutto ciò significava che sia il tempo sia l'ammontare di energia rilasciata avevano un'incertezza così che il pensiero di Einstein non contraddiceva il principio d'indeterminazione.

Oggi la maggior parte dei fisici tende ad accettare "il principio di complementarietà di Copenhagen", ma la difesa di Einstein rappresenta uno dei più alti punti della ricerca scientifica della metà del XX secolo, perché richiama l'attenzione sulla "non localizzazione quantica" che è uno degli aspetti più importanti della fisica moderna.

Le prime prove sulla percezione

Nello stesso periodo si sviluppa anche la parte relativa alla fisiologia della visione.

Nel 1950 Edwin Herbert Land (1909-1991) effettuò un esperimento sulla percezione del colore che non solo è un classico esempio di sperimentazione esplorativa, ma anche una diretta conferma della teoria di Goethe sulla percezione del colore.

Land, fondatore della Polaroid, stava facendo le sue ricerche per ottenere una pellicola di colore che si sviluppasse da sola. Per studiare le caratteristiche del colore, rifece l'esperimento di Mawxell usando tre pellicole in bianco e nero, ciascuna proiettata con tre proiettori sui quali aveva messo tre filtri: rosso, blu e verde. Egli voleva studiare quale fosse l'effetto quando si aveva maggiore luce rossa o minore luce blu.

Alla fine della lunga giornata di misura, sperimentando con i tre proiettori, Land si accinse ad andare a casa. Aveva spento il proiettore blu e messo via il filtro verde. Solo il proiettore a luce rossa e uno a luce bianca erano attivi e davano un'immagine rossa e una bianca. Con sua grande sorpresa le immagini sullo schermo su cui erano proiettate erano ancora colorate con gli stessi colori.

Secondo le teorie di Newton, Young, Maxwell e von Helmholtz l'immagine doveva essere di colore rosa velato. Invece, come lui stava vedendo, c'era un'immagine che era ancora colorata, quasi come l'immagine originale. Allora egli iniziò un esperimento con due proiettori che dimostrarono che i colori, inaspettatamente, apparivano ancora quasi eguali come quelli originali e non potevano essere spiegati con l'adattamento temporale dell'occhio. Inoltre scoprì che i colori non erano sostanzialmente influenzati da fattori esterni come l'intensità luminosa dell'ambiente o del proiettore, l'angolo sotteso dall'immagine o i filtri usati per produrre le immagini. Per migliorare le sue misure, Land, invece di usare dei filtri, usò un monocromatore, cioè uno strumento per disperdere con continuità la luce nelle sue parti cromatiche.

Dagli esperimenti Land dedusse che la teoria classica, basata sul mescolamento dei colori, era valida solo per punti di luce osservati in un ambiente totalmente scuro, e che essa aveva un'importanza limitata per quanto riguardava la percezione del colore in situazioni naturali che coinvolgevano molti soggetti a illuminazione variabile. In particolare, egli concludeva che lo stimolo per il colore, visto in un punto di un'immagine, non era, come si pensava, la composizione delle lunghezze d'onda dell'energia radiante che raggiungeva l'occhio dal punto stesso.

Per questo iniziò degli esperimenti per scoprire la natura dello stimolo luminoso. Land usò come sfondo delle sue misure un quadro di Piet Mondrian, uno dei maggiori esponenti del neoplasticismo, composto di collage di rettangoli e quadrati simili di vario colore.

Mondrian nel 1917 aveva spiegato come costruiva i suoi quadri mediante linee e quadrati di differente colore su di una superficie piatta in modo da esprimere la bellezza generale con il massimo della consapevolezza. Egli asseriva che la natura o ciò che il pittore vedeva lo doveva ispirare e lo doveva mettere in uno stato emozionale, finché non raggiungeva lo stato fondamentale delle cose: la forma di base della bellezza.

Land illuminava il quadro di Mondrian con tre proiettori di luce bianca davanti ai quali aveva posto dei filtri rosso, verde e blu. L'esperimento consisteva nel richiedere a un osservatore di aggiustare l'intensità della luce su un particolare del quadro fino a che

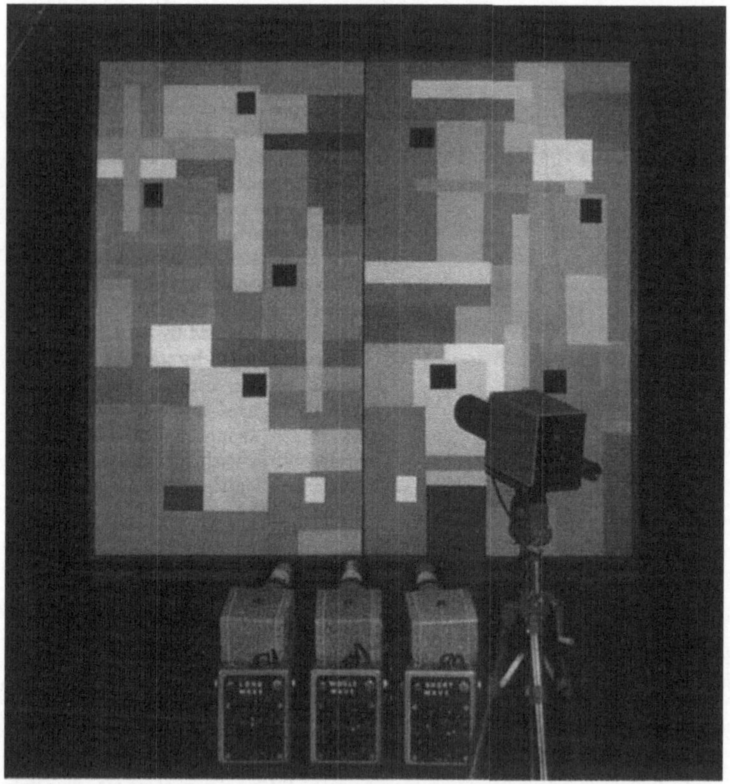

Fig. 17. *Collage di Piet Mondrian utilizzato da Edwin Land per definire la sua teoria sulla percezione del colore. In basso ci sono i tre proiettori usati e a destra in mezzo il telefotometro (Fonte Rowland Institute)*

non appariva bianco. Lo sperimentatore poi misurava con un fotometro l'intensità del rosso, del verde e del valore della luce che sul quadro appariva bianca (vedi Fig. 17).

Land, poi, chiedeva all'osservatore di identificare un pezzo di quadro limitrofo a quello che era bianco che, per esempio, poteva apparire verde. Allora lo sperimentatore aggiustava le luci in modo che le intensità del rosso, del verde e del blu, riflesse dal pezzo verde, fossero le stesse di quelle misurate sul pezzo bianco. In questo modo i pezzi sotto analisi mantenevano una costanza nella luce che l'osservatore percepiva, anche se un pezzo del quadro che appariva più scuro inviava più luce all'occhio di quello che era più chiaro. Questo suggeriva che l'occhio era in grado di scoprire i valori di luminosità indipendentemente dal flusso d'energia ricevuta.

Land chiamò questa teoria "retinex", formando una parola complessa, con le parole "retina" e "cortex" (corteccia), suggerendo che l'occhio e il cervello sono coinvolti nel processo della visione.

La teoria "retinex" non è un modello fisiologico quanto piuttosto uno schema computazionale che tenta di tenere conto dell'influenza dei colori circostanti rispetto a un colore preso come campione di riferimento. Land lavorò per tutta la vita a migliorare la sua teoria, ma nonostante questo l'approccio del "retinex" non fu in grado di dare una risposta esauriente (Kaiser e Boyton).

Difatti la luce riflessa da una superficie è il prodotto di varie funzioni che descrivono le caratteristiche spettrali sia della luce sia delle superfici stesse. Questo prodotto è stato chiamato "segnale di colore". La dimostrazione di Land fa sì che identici segnali di colore generino differenti sensazioni di colore da superfici in cui non ci sarebbe nessuna differenza se non ci fosse l'influenza dei colori circostanti.

Guardando le curve di riflettenza di varie superfici, riferite all'intervallo spettrale in cui l'occhio è sensibile, cioè tra 400 e 800 nanometri, nessuna mostra una rapida variazione. La dimostrazione della perfetta costanza del colore dovrebbe mostrare, invece, che non avviene alcun cambio di colore alterando la qualità spettrale dell'illuminazione. In altre parole il sistema visivo dovrebbe saper discernere le caratteristiche spettrali della fonte luminosa e, dopo che l'ha valutata, calcolare quella della superficie. Di fatto si è visto che la costanza del colore non è mai perfetta perché ci sono delle condizioni limite per cui nessun grado di colore costante è possibile.

La natura della luce e della visione

Il *quantum* di luce

Inizieremo questo capitolo utilizzando quanto ha scritto Einstein negli ultimi anni della sua vita:

> Questi ultimi cinquanta anni, di conscia meditazione, non mi hanno portato più vicino alla risposta, alla domanda: che cosa è un *quantum* di luce? Naturalmente, oggi, ogni briccone crede di conoscere la risposta, ma egli inganna se stesso.

Ebbene, nonostante i passi che ha fatto la scienza della luce, noi oggi siamo poco lontani dalla stessa ignoranza in cui si trovava Einstein.

Come abbiamo visto, il primo a introdurre un concetto legato all'emissione di corpo nero fu Planck nel dicembre del 1900. Einstein, nel 1905, suggerì l'idea di atomi di luce concentrati per spiegare l'emissione fotoelettrica. Quattro anni più tardi a Salisburgo Einstein scrisse un articolo per la Divisione di Fisica degli Scienziati e Fisici Tedeschi, il cui titolo era *Sullo sviluppo della nostra visione per quanto riguarda la natura e la costituzione della radiazione*. Einstein ricordava alla comunità scientifica che pochi anni addietro, quando si pensava alla luce, ci si riferiva alla sua natura ondulatoria e alla presenza di un etere "luminifero". Ora gli esperimenti suggerivano un aspetto della luce basato sulla teoria corpuscolare e il definitivo abbandono del concetto di etere "luminifero". Inoltre egli asseriva che "è imperativo un profondo cambio nella nostra visione sulla natura e sulla costituzione della luce" e

> che il nuovo stadio nello sviluppo della fisica teorica ci porterà verso una teoria della luce che potrà essere compresa solo attraverso la fusione delle teorie ondulatorie e corpuscolari della luce (Bellone).

Come abbiamo visto nel capitolo precedente, a quel tempo Einstein prediligeva una visione atomistica della luce in cui il campo elettromagnetico fosse associato con i corpuscoli di luce, di tipo puntiforme, così come avviene per il campo elettrostatico in accordo con la teoria elettrica. Attorno a questi corpuscoli elettromagnetici egli immaginava dei campi di forza che si sarebbero sovrapposti per produrre le onde elettromagnetiche della teoria di Maxwell classica.

Altri scienziati, come Planck, erano di tutt'altro avviso. Difatti Planck rigettava l'ipotesi einsteiniana che i *quanta* di luce si potessero propagare nello spazio. A suo sostegno si chiedeva come si potesse spiegare l'interferenza quando la lunghezza d'onda su cui si può misurare l'interferenza riguardava molte migliaia di lunghezze d'onda. Come poteva un *quantum* di luce interferire con se stesso a così grande distanza se era un oggetto puntiforme?

Planck asseriva che per quanto riguardava l'intera teoria quantistica bisognava trasferire l'attenzione non a un campo elettromagnetico quantizzato, quanto all'interazione tra materia ed energia radiante. Cioè solo lo scambio di energia tra gli atomi delle sorgenti radianti e il campo elettromagnetico classico era quantizzato. Lo scambio era prodotto in unità che erano date dalla costante di Planck moltiplicata per la frequenza, ma i campi continuavano a essere continui e soggetti alla fisica classica. In questo modo solo gli atomi erano quantizzati, mentre i campi liberi rimanevano quelli classici della teoria di Maxwell.

Questa visione è ancora valida ed è utilizzata per molti problemi di ottica quantistica, incluso l'effetto fotoelettrico di Einstein.

Noi oggi chiamiamo questi *quanta* di luce *fotoni*, parola che fu coniata da Gilbert N. Lewis nel 1926 con un significato del tutto diverso da quello che descrive i *quanta* di luce di Einstein. Lewis era un chimico che conosceva bene la fisica e la chimica classica, ma assai poco la teoria quantistica (Lamb).

Una delle prime teorie sull'atomo fu fatta da Joseph John "J.J." Thomson che nel 1897 scoprì l'elettrone e nel 1904 propose un modello di atomo composto di elettroni che Thomson chiamò corpuscoli, sebbene George Johnstone Stoney nel 1894 avesse proposto che gli atomi di elettricità che si muovevano immersi in un campo di carica positiva, in modo da bilanciare la carica negativa e rendere l'atomo neutro, fossero chiamati elettroni.

Ernest Rutherford nel 1911 utilizzando un sottile foglio d'oro su cui venivano lanciate delle particelle alfa, contrariamente a quanto si aspettava, cioè che le particelle alfa passassero indisturbate attraverso il foglio d'oro, notò che una piccola quantità era deflessa, indicando la presenza di una carica positiva piccola ma concentrata che lui chiamò protone.

Il suo studio sulle radiazioni lo condusse alla formulazione di una teoria della struttura atomica che fu la prima a descrivere l'atomo come un nucleo denso attorno al quale ruotavano degli elettroni in orbita circolare.

Come abbiamo visto nel capitolo precedente, tale modello fu poi migliorato da Bohr nel 1913, descrivendo un atomo come un piccolo nucleo positivo circondato da elettroni che gli ruotano attorno, simile a un sistema solare in cui le forze di attrazione non erano gravitazionali ma elettrostatiche. Il modello iniziale di Bohr era ancora un modello primitivo e non era in grado di fornire una visione completa dell'atomo. Bisognava introdurre il comportamento degli elettroni che ruotano su orbite differenti e non potevano essere descritti come particelle solide, in analogia ai pianeti, ma come una strana e sottile atmosfera distribuita attorno a un piccolo pianeta che è il nucleo atomico.

Gli elettroni ruotano su se stessi e il loro momento angolare intrinseco è lo spin ("trottola" in inglese). In meccanica classica, il momento angolare di spin di un corpo è associato alla rotazione del corpo attorno al suo centro di massa. Per esempio lo spin della Terra è associato alla sua rotazione giornaliera attorno al suo asse, mentre il suo momento angolare orbitale è associato alla sua rivoluzione attorno al Sole.

Gli elettroni ubbidiscono al principio di esclusione che Wolfgang Pauli formulò nel 1925 e si applica solo a quelle particelle che formano stati quantici antisimmetrici e hanno spin semi-intero. Esso non è valido nel caso di particelle come i fotoni poiché queste sono dei bosoni (ovvero, formano stati quantici simmetrici e hanno spin intero).

Nella meccanica quantistica la parola orbita è sostituita dalla parola orbitale, per farla differire dalla meccanica classica, e i nomi orbitali sono definiti dalle caratteristiche delle linee spettroscopiche e sono: s=sharp, p=principal, d=diffuse, f=fundamental e le rimanenti sono nominate in ordine alfabetico. Gli elettroni che stanno in queste orbite sono governati da alcune regole. L'elettrone tende sempre al più basso livello d'energia. Quando, dopo essere stato eccitato, l'elettrone perdendo energia cade al livello più basso emette un *quantum* di energia.

Nel 1869 Dmitrij Ivanovic Mendeleev presentò alla società chimica russa la sua tavola periodica degli elementi, organizzata utilizzando 63 elementi noti in base alle loro caratteristiche atomiche. La sua prima Tavola Periodica era compilata sulla base degli elementi in ordine crescente del peso atomico raggruppati per proprietà similari. Egli predisse l'esistenza e le proprietà di nuovi elementi ancora da scoprire. Tuttavia non conteneva tutti i gas nobili che peraltro dovevano ancora essere scoperti.

Il comportamento chimico degli elementi dipende dalla "valenza" di un atomo: essa rappresenta il numero di elettroni spaiati dell'orbitale più esterno. Tali elettroni possono quindi essere coinvolti nella formazione di legami con altri atomi. Per esempio, secondo questa definizione, l'ossigeno è bivalente in quanto caratterizzato appunto da due elettroni spaiati nell'orbitale più esterno. Esistono atomi con valenza unica, come gli elementi del primo gruppo della Tavola Periodica, che sono tutti monovalenti, e atomi con valenza multipla, secondo il tipo di composto di cui fanno parte.

Lewis nel 1926 aveva capito che la teoria orbitale di Bohr del 1913 non poteva ancora descrivere i fenomeni associati alla valenza. Oggi noi sappiamo che è necessaria la meccanica quantistica per spiegarla. Nonostante altri scienziati, come Irving Langmuir, avessero già formulato alcune teorie sullo scambio energetico, Lewis formulò una teoria sull'affinità chimica basata sulla Tavola Periodica di Mendeleev. Egli aveva postulato che la trasmissione di radiazione tra un atomo e l'altro era portata da una particella che egli chiamò "fotone", che non aveva nulla a che fare con il *quantum* di luce di Planck ed Einstein. Scrive infatti su *Nature*:

> Sembrerebbe fuori luogo parlare di una di queste entità ipotetiche come una particella di luce, un corpuscolo di luce, un *quantum* di luce, o *quanta* di luce, se dobbiamo supporre che spende solo una minima frazione della sua esistenza come un vettore di energia radiante, mentre il resto del tempo rimane come un importante elemento strutturale all'interno dell'atomo. [...] Pertanto prendo la libertà di proporre per questo ipotetico nuovo atomo, che non è luce ma svolge un ruolo essenziale in ogni processo di radiazione, il nome di fotone.

Scrive Willis E. Lamb nel suo articolo *Anti-photon*:

> Lewis mandò parecchie lettere poco chiare all'editore di *Nature*. In una di queste egli speculò che la trasmissione di radiazione da un atomo all'altro era portata da una nuova particella, per la quale egli coniò il nome *fotone*. Questa era per Lewis una particella reale che poteva essere legata a un atomo. Egli specificatamente negò che essa fosse il *quantum* di luce di Planck, Einstein e Bohr. Inoltre il titolo della lettera era: "The conservation of photons" e questa certamente non era una caratteristica del *quantum* di luce. Lewis menzionava solo le proprietà ondulatorie della radiazione che passava e gli attribuiva una sorta di guida fantasma del campo. A posteriori mi sembra che per Lewis il suo fotone avrebbe dovuto essere la sorgente e il pozzo della radiazione maxwelliana.

Nonostante questo errore metodologico, la parola fotone guadagnò ben presto una fama immeritata tanto che molti libri e articoli scientifici usarono la parola fotone con un significato diverso da quello originale voluto da Lewis.

Insomma, solo degli incidenti storici e la commedia degli errori hanno portato alla popolarità questa parola tra i fisici e chi studia la scienza ottica. In realtà ci sarebbero delle parole sostitutive, per esempio invece di dire fotonica si potrebbe usare la parola ottica quantistica (Lamb).

Nonostante errori e cattive interpretazioni nasce la scienza della luce: la teoria quantistica della radiazione (Quantum Theory of Radiation, QTR) oppure la Quanto Elettrodinamica (Quantum Electro Dynamics, QED).

C'è un accenno a entrambe le teorie nel primo articolo di Heisenberg nel 1925. Tuttavia si deve a Paul Dirac, nel 1927, la vera fondazione della QED che è in grado di predire gli effetti dell'interazione tra particelle cariche e radiazione elettromagnetica con precisione mai raggiunta.

Dirac scriverà che attraverso la QED c'è una completa armonia tra la descrizione quantistica e quella ondulatoria. Tuttavia, anche se la teoria dei campi quantistici supera il dualismo onda particella, la natura della luce e del fotone rimangono ancora difficili da comprendere.

In QED il fotone è un'unità di eccitazione associata con un modo quantizzato del campo di radiazione e quindi come tale è associato con un'onda piana, con un ben preciso momento, una certa energia e polarizzazione (Feynman, QED).

A causa del principio di complementarietà di Bohr sappiamo che uno stato di definito momento ed energia deve essere completamente indefinito nel tempo e nello spazio.

Questo principio stabilisce che qualche volta un oggetto possa avere delle proprietà contraddittorie. Possiamo passare da uno stato all'altro, ma non li possiamo vedere allo stesso tempo. Tuttavia quelle configurazioni esistono entrambe nello stesso momento solo che noi possiamo percepirle singolarmente, ma mai assieme.

Per esempio, un elettrone può essere pensato come un'onda o una particella o un fascio di particelle, a seconda delle situazioni. Un oggetto che è una particella e un'onda contemporaneamente è chiaramente una proposizione che logicamente non può essere vera e non possibile. Tuttavia un elettrone, in un certo senso, è entrambe allo stesso tempo. Un profondo aspetto della complementarietà è che non solo si applica alla misurabilità o alla conoscenza di alcune proprietà delle entità fisiche ma, cosa più importante, si applica anche alle limitazioni di quelle realtà fisiche che sono le reali manifestazioni del mondo fisico.

Bohr definisce come complementari a due a due tutte quelle proprietà di entità fisiche che esistono solo se sono accoppiate. La realtà fisica è determinata e definita da manifestazioni di proprietà che sono limitate dal compromesso tra queste forme complementari. La complementarietà o dualismo tra onde e corpuscolo è considerata una delle caratteristiche della meccanica quantistica.

Ciò porta alla prima difficoltà concettuale riguardante il fotone.

Se questo è una particella, allora in che senso ha una localizzazione? Il problema è dovuto al fatto che, rispetto a ogni altra particella osservabile, non esiste un operatore matematico che direttamente dia la posizione di un fotone. In altre parole non è possibile definire dove sta. Mentre si può definire un concetto quanto dinamico per la posizione di un elettrone, di un protone e particelle simili, non è possibile farlo per il fotone. Viceversa un fotone è identificato con tre numeri quantici associati con il suo momento, energia e polarizzazione, ma non ha posizione, né tempo. Questo significa che se due fotoni possiedono gli stessi tre valori quantici sono indistinguibili l'uno dall'altro. Non solo, possono occupare lo stesso stato quantico, il che è impossibile per gli elettroni. Questa caratteristica è fondamentale per la teoria laser, perché l'operazione per produrre una luce laser richiede che molti fotoni occupino un singolo modo del campo di radiazione.

Per identificare un oggetto bisogna definire le sue caratteristiche e identificare la sua posizione spazio temporale, invece il singolo fotone può prendere delle direzioni multiple. L'interferenza spaziale di un singolo fotone richiede la sovrapposizione di questi descrittori quantici. Mentre il ritornello di Dirac *il fotone interferisce con se stesso* non è universalmente vero, è invece un *memo* per l'importanza della sovrapposizione.

Il fotone non dovrebbe essere pensato come un'onda piana semplice che ha un'unica direzione, frequenza e polarizzazione. Questa è una situazione assai rara, mentre lo stato usuale dei fotoni singoli è quello di sovrapposizione.

Quando la luce è misurata con un sensore, appare come se fosse indivisibile e discreta e sembra possedere ben precisi attributi. In definitiva, noi non sappiamo completamente cosa è un fotone, sappiamo solo ciò che fa, perché lo possiamo vedere da una misura, per esempio, con un fotomoltiplicatore. Forse la migliore posizione è quella espressa dal fisico Roy J. Glauber, il quale scherzosamente disse: "Io non so che cosa è un fotone, ma lo riconosco quando lo vedo".

Insomma, alcune proprietà come la diffrazione e l'interferenza sono meglio spiegabili attraverso la natura ondulatoria, mentre l'effetto fotoelettrico e altri casi d'interazione luminosa con gli atomi sono meglio descrivibili da un punto di vista corpuscolare. A questo punto possiamo definire la luce come un flusso di fotoni, che hanno massa zero, come strettamente deriva dalla relatività di Einstein.

Come abbiamo visto, la natura della luce è ancora elusiva, ma sta di fatto che i fotoni colpiscono i nostri occhi e sarebbe opportuno conoscere una cosa che ha tanta parte nella nostra vita. L'occhio umano è un ottimo sensore perché bastano cinque o sei fotoni per attivare una cellula nervosa e mandare un segnale al cervello (Feyman, Leighton e Sands).

Questo meccanismo, che spiegheremo nei paragrafi successivi, ci permette di vedere i colori. Se solo l'occhio fosse dieci volte più sensibile vedremmo una serie di piccoli flash di eguali intensità: i singoli fotoni.

Il fotomoltiplicatore invece sfrutta un meccanismo a cascata per cui quando un fotone colpisce il piatto anteriore di cui è fatto, l'urto causa la perdita di un elettrone. L'elettrone libero è poi attratto da un altro piatto caricato positivamente che a sua volta perde da tre a quattro elettroni e così via. Questo processo si ripete migliaia di volte amplificandosi e producendo una corrente rilevabile.

Brevi cenni sulla storia della fisiologia della visione

Come abbiamo visto, la vera natura della formazione dell'immagine attraverso l'occhio fu definita da Keplero nel 1604. La sua teoria fu confermata sperimentalmente da Schneider nel 1652. Nel 1677 Cartesio illustrò il principio di formazione dell'immagine da parte dell'occhio. Thomas Young ipotizzò che nell'occhio ci fossero tre ricettori che erano sufficienti a permettere la visione dei colori. Tuttavia la struttura della retina non era ancora nota.

Nel 1866, dopo la scoperta del microscopio, Max Schultze descrisse la morfologia e la distribuzione dei coni e dei bastoncelli. Egli notò che c'era una predominanza di sottili ricettori simili a bastoncelli nella retina degli animali notturni e di ricettori simili a coni, più spessi, negli animali diurni. In base a informazioni comparate e alla distribuzione dei ricettori nell'occhio umano, Schultze suggerì che le due classi erano distinte tra di loro e che potevano essere associate alla visione sotto due differenti condizioni di luce.

Né lui né i suoi contemporanei furono in grado di stabilire la connessione tra i ricettori e le cellule gangliari. L'opinione corrente era che la retina fosse una struttura reticolare in cui gli elementi successivi erano continui e fusi tra di loro.

Nel 1892 Santiago Ramón y Cajal pubblicò una monografia nella quale dimostrò che la teoria dell'organizzazione reticolare del sistema nervoso era sbagliata. La retina, così come il cervello e la spina dorsale, erano costituiti da elementi che più tardi furono chiamati neuroni da Heinrich Wilhelm Gottfried Waldeyer.

I neuroni sono in contatto l'uno con l'altro, ma non sono fusi. Nella sua monografia Cajal, che aveva condotto i suoi studi sui neuroni utilizzando una tecnica sviluppata da Camillo Golgi, descriveva in dettaglio i tipi di cellule di tutti e tre gli strati in cui la retina si suddivide. Egli enfatizzò che la direzione della conduzione va dai ricettori, attraverso le cellule dello strato più interno della retina, alle cellule gangliari i cui assoni costituiscono il nervo ottico. La descrizione di Cajal rimase la base per gli studi anatomici successivi.

Alla fine del XIX secolo la struttura della corteccia cerebrale era ben descritta, anche se grossolanamente, ma era disegnata come una struttura omogenea.

Il primo che riconobbe che la corteccia non era uniforme fu Francesco Gennari, nel 1872. Egli notò una sottile linea bianca e qualche volta due linee che correvano dentro la corteccia cerebrale parallelamente. Le linee si ricongiungevano in una striscia verso la parte caudale del cervello. Poiché Gennari pubblicò la sua monografia *De Peculiari* nelle pubblicazioni interne dell'Università di Parma, il suo contributo fu sostanzialmente ignorato. La stessa striscia bianca fu vista pure da un anatomista Vic d'Azyr che nel 1786 pubblicò la scoperta nel suo *Traitè d'Anatomie*. L'anatomista austriaco Heinrich Obersteiner nel 1888 chiamò questa striscia bianca la striscia di Gennari (Chalupa e Webster Ed).

Sebbene questa variabilità sulla corteccia cerebrale fosse ben presto accettata dalla comunità scientifica, non c'era invece alcun accordo attorno alle possibili differenze funzionali delle due aree corticali.

All'inizio del XIX secolo due tra le maggiori autorità del tempo, Franz Joseph Gall nel 1810 e Marie Jean Pierre Flourens nel 1824, avevano una visione opposta l'uno all'altro. Gall e i suoi collaboratori asserivano che la corteccia cerebrale era fatta da un certo numero di aree individuali, ciascuna associata con una specifica caratteristica che era espressione della personalità. Come a dire, se una persona aveva una buona memoria, l'area relativa era particolarmente grande.

Secondo Gall, poiché l'allargamento dell'area corticale era associata a una corrispondente variazione nella forma del cranio, era possibile attraverso la palpazione della testa comprendere le abilità, la personalità e il carattere della persona. I primi esperimenti sugli animali non confermarono questa ipotesi.

Flourens fece, invece, delle lesioni sul cervello di alcuni animali e osservò il loro comportamento. Sebbene fosse convinto che la corteccia cerebrale fosse responsabile per le sensazioni del movimento e per le funzioni del pensiero, non trovò le corrispondenti aree funzionali nel cervello.

Negli anni successivi, alcuni primi risultati evidenziarono che vi erano delle aree della corteccia cerebrale che erano deputate a certe funzioni. Nel 1861 Paul Broca identificò il sito del linguaggio nel lobo frontale sinistro, analizzando la lesione che un paziente chiamato "Tan" aveva proprio in quella zona. L'avevano chiamato "Tan" perché quella era l'unica parola capace di proferire. Questa scoperta aprì la strada a identificare altre zone cerebrali specializzate in altre funzioni.

Nel 1870 Gustav Fritsch ed Eduard Hitzig scoprirono che esistevano delle specifiche funzioni della corteccia cerebrale che erano funzionali a certe parti del corpo; questo fu sufficiente a promuovere una ricerca sulla visione.

Mario Panizza nel 1885 vide che le lesioni della parte caudale del cervello erano strettamente associate con un deficit visivo e Hermann Munk nel 1881 fornì la prova che la funzione visiva era data dal lobo occipitale. Egli dimostrò che se si distruggeva il lobo occipitale di una scimmia questa era soggetta alla perdita della vista in metà del campo visivo (emianopsia), mentre lesioni bilaterali causavano la cecità. Le scoperte di Munk furono confermate da Salomon Henschen, un neurofisiologo svedese che scoprì che l'emisfero sinistro riceve il suo segnale dal campo visivo di destra e che la parte superiore dell'immagine era proiettata verso la parte più bassa della scissura calcarina. Il campo visivo è localizzato nella porzione posteriore della scissura calcarina, zona che inizia vicino al polo occipitale.

Una delle prime rappresentazioni della visione fu fatta dal medico giapponese Tatsuji Inounye, nel 1909, che fece la mappa della rappresentazione del campo visivo sulla corteccia cerebrale. I campi centrali furono localizzati correttamente nella parte caudale della corteccia striata con i campi visivi periferici, rappresentati anteriormente. Tra la prima e la seconda guerra mondiale, nel 1929, Ottfried Foerster, applicando una corrente a una parte specifica della corteccia cerebrale, causò dei lampi di luce (fosfeni) che si posizionavano nella parte anteriore del paziente. Stimolazioni al bordo superiore della scissura calcarina producevano fosfeni che erano localizzati nella parte più bassa del campo visivo opposto alla parte del cervello che era stata stimolata.

Nel 1938 Philip Bard iniziò a registrare l'attività elettrica che era stata evocata sulla superficie della corteccia cerebrale di animali che erano stati stimolati in varie parti del corpo. Allora gli elettrodi erano troppo grandi per registrare l'attività dei neuroni, ma abbastanza piccoli per rilevare l'attività in un gruppo ristretto di cellule.

Wade Marshall e William Talbot nel 1941 scoprirono che la perdita di visione sia nell'uomo sia nelle scimmie era causata da lesioni corticali. I primi lavori avevano anche suggerito che altre regioni, al di fuori della corteccia visiva primaria, avevano una funzione visiva correlata.

Ancora Hermann Munk, nel 1881, aveva individuato una regione al di fuori della corteccia visiva come l'area nella quale erano immagazzinate le memorie visive.

Il primo a iniziare lo studio delle vie in cui i campi visivi erano rappresentati, oltre la corteccia primaria, fu William Talbot nel 1942. Egli riuscì a registrare i potenziali evocati dalla visione nel cervello di un gatto. Talbot aveva trovato una seconda area visiva, più tardi chiamata Area Visiva 2 che è mappata sulla corteccia, come un'immagine speculare della rappresentazione primaria. Dopo di lui, altri descrissero un'altra area che è localizzata sul giro sovrasilvano dei gatti in cui gli stimoli alternati evocavano un grosso potenziale. Tutti questi esperimenti furono fatti sui gatti, sebbene la visione corticale in questi animali non sia primaria come per le scimmie e gli uomini. Nelle scimmie e negli uomini la maggioranza delle fibre genicorticali terminano nella corteccia striata.

Nel 1950 altri studi furono fatti per isolare l'attività dei neuroni e dopo l'Area II, David Hubel e Torsten Wisel, nel 1965, identificarono un'altra area chiamata Area III. Più tardi Jon Kaas, nel 1971, studiando la scimmia Aotus, e Semir Zeki, nel 1978, studiando il macaco, identificarono altre aree visive che erano specializzate per analizzare il colore, il moto e la forma.

In definitiva queste scoperte ci hanno fatto capire che la visione è un processo attivo e la presenza di varie aree deputate alla visione è strettamente collegata con la cognizione.

Così come aveva pensato Keplero, la principale via tra la retina e il cervello è la via ottica. Essa trasporta segnali a una parte relativamente ampia, situata nella zona posteriore del cervello e nota come corteccia visiva o V1 che agisce come centro di smistamento dei segnali visivi. In codesta area i segnali sono divisi e inviati alle diverse aree visive della corteccia che la circonda. L'area V1 è impegnata anche a fare innumerevoli elaborazioni visive che comunica alle aree circostanti che sono specializzate. Questa specializzazione è molto selettiva ed è funzionale al tipo di segnale o stimolo cui reagiscono. Questo tipo di selettività si dice specializzazione funzionale. Nel 1992 si scoprirono nella scimmia non meno di trentadue aree specializzate (alcune di queste zone sono in Fig. 18).

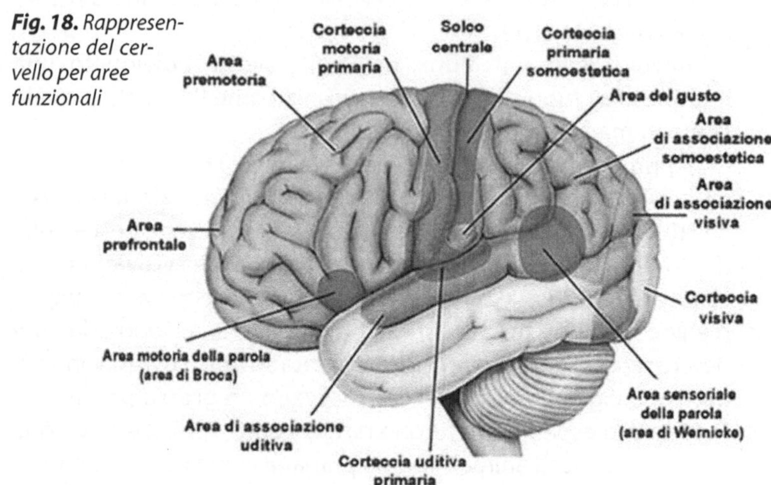

Fig. 18. Rappresentazione del cervello per aree funzionali

Le interazioni della luce con l'occhio e il cervello

La lezione che abbiamo imparato

Come abbiamo visto, il fenomeno dei colori dipende parzialmente dal mondo fisico poiché anche l'occhio e il cervello hanno una parte non indifferente nella discriminazione del colore. La fisica ha definito come si comporta la luce e come entra nell'occhio ma, una volta che il segnale luminoso è stato trasdotto al cervello, è sottoposto a vari processi fotochimici, neurali e fisiologici che producono le nostre sensazioni visive ed emozionali.

Questo capitolo tenta di tracciare il percorso della luce dal momento in cui è emessa dalla sorgente, entra nell'occhio e viene percepita dal cervello. Quest'ultima parte è solamente accennata perché ancora poco nota e soggetta a rapidi cambiamenti.

La luce consiste di fotoni che possiedono una certa energia e un loro momento. Poiché il momento del fotone è veramente molto piccolo, la pressione che può esercitare su di un oggetto è trascurabile e non ha a che fare con la capacità di produrre uno stimolo visivo.

Nel vuoto la luce si muove in linea retta. Se si muove in un ambiente complesso è soggetta a fenomeni di assorbimento, diffusione, riflessione e rifrazione. Normalmente si usa la parola trasmissione per indicare il passaggio della luce attraverso un mezzo fisico o attraverso il vuoto, tuttavia questa parola non fornisce alcuna indicazione sugli effetti che la luce subisce durante il processo di trasmissione.

I mezzi trasparenti, come per esempio il vetro, l'acqua, l'atmosfera, hanno un effetto sulla luce perché contengono dei gas e delle particelle solide (incluse quelle di natura biologica) i cui atomi interagendo con i fotoni producono assorbimento, o deviandoli dalla loro traiettoria, producono un processo di diffusione. Il processo di assorbimento fu descritto da Pierre Bouguer nel 1729 attraverso un'equazione esponenziale il cui argomento è dato dal prodotto del coefficiente di assorbimento per il cammino ottico del mezzo stesso, con un segno meno. Se la lunghezza d'onda che colpisce la particella ha una dimensione più grande della particella che incontra si ha un processo diffusivo descritto dalla teoria di Rayleigh. Per esempio, la luce solare al nadir (perpendicolare a chi guarda il cielo) è diffusa dalle molecole dell'aria producendo la luce azzurra del cielo terrestre. Nel caso in cui il percorso ottico sia più lungo, per esempio durante il tramonto o l'alba, la luce solare diventa rossa. La distribuzione spaziale della luce è quasi isotropa, cioè egualmente distribuita su di un'ipotetica sfera. Nel caso in cui la lunghezza d'onda luminosa sia quasi eguale alle dimensioni delle molecole, allora si ha una diffusione, definita dalla teoria di Gustav Mie (1869-1957), che si distribuisce nello spazio circostante in modo anisotropo, con una propaggine anteriore che è assai più marcata di quella posteriore. Nel caso in cui la lunghezza della luce sia molto più piccola della particella che incontra, non cambia frequenza e si distribuisce in modo isotropo, come accade per la luce solare che attraversa un vetro smerigliato.

I raggi che passano attraverso l'atmosfera non subiscono quasi nessuna riduzione di velocità rispetto a quella che hanno nel vuoto. Altri mezzi trasparenti come il vetro o l'acqua, avendo una più alta densità molecolare, riducono la velocità dei fotoni fino a un terzo rispetto alla loro velocità nel vuoto. Il rapporto tra la velocità nel vuoto e quella nel mezzo definisce l'indice di rifrazione del mezzo stesso (per esempio per l'acqua è 1,33).

I raggi che formano l'immagine sono dovuti a quei fotoni che entrano nel nostro occhio. Vediamo gli oggetti perché riflettono la luce in un grado più o meno grande rispetto allo sfondo in cui sono inseriti. Superfici lucide isotrope riflettono la luce con un angolo di riflessione eguale a quello d'incidenza e senza cambiare il colore della luce che le colpisce. Superfici opache, avendo una struttura superficiale ricca d'imperfezioni, causano una diffusione luminosa e qualche volta modificano il colore della luce che li ha colpiti. La rifrazione si riferisce a un cambio di direzione della luce che passa da un mezzo all'altro: una parte del fronte d'onda entra nel mezzo e viene rallentato, mentre la parte che esce continua con la sua velocità.

Nell'occhio l'immagine si forma per effetto del fenomeno della rifrazione. Come capì per primo Keplero, delle lenti positive o convergenti possono essere usate per far sì che un fascio di luce divergente, incidendo sulla superficie della lente, converga in un certo punto per formare un'immagine rovesciata rispetto all'oggetto visto. Nell'occhio avviene lo stesso processo: il fascio di raggi viene focalizzato sulla retina ove si forma la così detta immagine retinica.

Se la luce incontra un ostacolo opaco sarà riflessa o assorbita, ma se la stessa luce passa radente a quest'oggetto sembrerà che sia deflessa attorno al bordo: questo fenomeno è detto diffrazione. La diffrazione rappresenta un limite superiore alla capacità visiva di un sistema ottico, incluso l'occhio. Per esempio, in una macchina fotografica dotata di un forellino (*pinhole*) la diffrazione è grande e la qualità dell'immagine è povera. L'occhio ovvia all'inconveniente allargando la pupilla in modo da avere una minore sfocatura dell'immagine per effetto della diffrazione perché c'è una minore interazione tra la luce e il bordo della pupilla stessa.

Uno dei requisiti per vedere il colore di un oggetto è, in primo luogo, quello di distinguerlo rispetto allo sfondo e poi di estrarne le caratteristiche salienti dall'insieme di tutti i raggi luminosi che si trovano in un ambiente complesso come quello reale. Per far questo si richiede una visione spaziale che può essere definita come l'abilità a rilevare le discontinuità di tale insieme di raggi causate dalla presenza dell'oggetto. Quando gli occhi guardano verso una certa direzione, i raggi interessati sono solo quelli divergenti che colpiscono la cornea dell'occhio in un certo intervallo spaziale in modo tale che oltrepassando la cornea passino attraverso la pupilla. Data la complessità del cammino dei raggi all'interno dell'occhio, per rappresentare la formazione di un'immagine al suo interno si utilizza l'angolo visivo. Questi è lo stesso sia all'interno sia all'esterno dell'occhio. L'angolo visivo di un'immagine sulla retina si calcola misurando l'angolo sotteso dall'oggetto al di fuori dell'occhio.

Il più piccolo angolo visivo rilevabile prodotto da un'unica linea scura sottile posta su di uno sfondo uniformemente illuminato è di circa 0,5 secondi d'arco, molto di meno delle dimensioni della fovea.

L'acuità visiva dipende da quanta luce viene focalizzata sulla retina (per lo più nella regione maculare), l'integrità degli elementi neurali dell'occhio, e le facoltà interpretative del cervello. La normale acuità visiva è la capacità di riconoscere un optotipo quando sottende 5 minuti d'arco ed è definito dalla tabella di Snellen. L'acutezza visiva massima di una persona sana, l'occhio emmetrope, va da circa 20/16 a 20/12, per cui è inesatto riferirsi a 20/20 di acuità visiva come la visione "perfetta". 20/20 è l'acuità visiva necessaria per distinguere due punti separati da 1 minuto d'arco. Questo perché una lettera a 20/20, la E per esempio, ha tre parti e due spazi tra di loro, dando 5 aree dettagliate in modo differente. La capacità di risolvere questa lettera, per esempio, richiede quindi 1/5 d'arco del totale della lettera stessa, che in questo caso sarebbe di 1 primo d'arco. Lo standard di 20/20 può essere meglio pensato come il limite superiore della persona normale. Alcune persone possono soffrire di altri problemi visivi, come la cecità ai colori, il contrasto ridotto, o l'incapacità di tenere traccia degli oggetti in rapido movimento e avere ancora una normale acuità visiva. Così che avere una normale acuità visiva non significa avere una visione normale. Il motivo per cui il test acuità visiva è molto diffuso è che si tratta di un test che corrisponde molto bene alle attività quotidiane di una persona.

Normalmente l'acuità visiva si riferisce alla capacità di risolvere due punti o delle linee separate, ma ci sono anche altri test che permettono di misurare la capacità del sistema visivo a distinguere le differenze spaziali: uno di questi è quello basato sulla capacità di allineare due segmenti di una linea. Gli esseri umani possono fare questo esercizio con notevole precisione. In condizioni ottimali di buona illuminazione, elevato contrasto e segmenti di linea lunga, il limite è di circa 0,13 primi d'arco, rispetto ai circa 0,6 primi d'arco (20/12) per una normale acuità visiva o 0,4 primi d'arco di un cono della fovea. Poiché questo limite è nettamente inferiore a quello imposto dall'acuità visiva regolare, si è pensato che fosse un processo della corteccia visiva piuttosto che della retina. A supporto di questa idea, l'acuità sembra corrispondere molto da vicino (e può avere lo stesso meccanismo di base) a quella che permette all'uomo di discernere minime differenze negli orientamenti delle due linee, che è un noto processo della corteccia visiva.

La luce entra nell'occhio attraverso la cornea e viene messa a fuoco dal cristallino sulla retina che riceve la luce dalle differenti parti del campo visivo esterno, formando un'immagine rovesciata che il cervello poi raddrizza. Tuttavia il colore percepito dipende dall'intensità della luce. Difatti al buio non percepiamo il colore e questo si rivela a noi solo quando l'intensità luminosa è oltre una certa soglia.

L'occhio si adatta al buio mediante i bastoncelli, mentre la visione a luce brillante è dovuta ai coni. Per esempio, quando guardiamo mediante un telescopio una stella la cui luce è molto flebile, non ne percepiamo il colore, mentre se la fotografiamo vediamo dei bellissimi colori. Ciò non è dovuto a falsi colori, ma all'introduzione di dispositivi che hanno maggiore sensibilità dell'occhio umano.

I bastoncelli vedono meglio il blu, mentre i coni permettono di vedere meglio il rosso, così che la luce rossa è nera per i bastoncelli. Se osserviamo un punto di luce colorata d'intensità regolabile, notiamo che inizialmente non si avrà nessuna impressione di colore e il punto luminoso ci apparirà bianco. Una prima percezione del colore sarà possibile solo a partire da un certo livello d'intensità luminosa e per riconoscere il colore con sufficiente certezza sarà necessario aumentare ulteriormente l'intensità. Questo fenomeno si chiama effetto Purkinje[1]. Nella parte centrale della retina c'è la fovea nota anche come fovea centrale. Essa è responsabile della visione centrale che è necessaria per esempio per leggere, guardare un film, la televisione, etc. La fovea è circondata dalla fascia parafoveale e dalla regione esterna perifoveale. Nella fovea è presente un forte addensamento di coni, mentre i bastoncelli sono assenti. La parafovea è la fascia intermedia in cui lo strato di cellule gangliari è composto di più di cinque righe di cellule con la più alta densità di bastoncelli.

La perifovea è la regione più esterna in cui lo strato di cellule gangliari contiene da 2 a 4 righe di cellule e dove l'acuità visiva è al di sotto del valore ottimale. Essa contiene una minore quantità di coni. Dato che l'angolo visivo della fovea è molto piccolo, meno

---

[1] Il nome di questo comportamento dell'occhio umano gli viene da Jan Purkinje (1787-1869), il fisiologo ceco che per primo lo studiò a fondo. Purkinje mostrò inoltre che il blu e il violetto vengono percepiti a un'intensità inferiore rispetto agli altri colori.

di un grado, è impossibile vedere direttamente luce assai fioca, che invece si può scorgere guardandola obliquamente.

Volendo descrivere compiutamente la visione, si può dire che essa è il risultato di un processo dovuto a uno stimolo esterno prodotto dai raggi luminosi che viene portato all'interno del sistema nervoso dove viene campionato, codificato ed elaborato.

I fotoricettori investiti dai raggi luminosi trasmettono i diversi tipi d'informazione, colore, forma, etc., attraverso le cellule bipolari alle cellule nervose, le quali li inviano, attraverso il nervo ottico, ai centri della visione situati nel lobo occipitale. Qui l'immagine viene raddrizzata e fusa con l'altra immagine formatasi nell'altro occhio. I coni come pure i bastoncelli, se investiti dalla luce, si iperpolarizzano. Questo processo aumenta con un andamento logaritmico all'aumentare dello stimolo luminoso fino a che, raggiunto un certo valore, il recettore non secerne più il neurotrasmettitore. I recettori della retina sono cellule del tutto particolari che, a differenza della maggior parte dei neuroni, trasmettono il segnale come uno stimolo elettrotonico iperpolarizzante invece che depolarizzante[2]. I coni mediano la visione ad alti livelli di luminosità (visione fotopica) mentre i bastoncelli mediano la visione a bassi livelli di luminosità (visione scotopica).

---

[2] Il potenziale di membrana è la differenza di potenziale tra l'interno e l'esterno di una cellula. Esso consente, tra le altre cose, la propagazione degli impulsi elettrici nelle cellule dei tessuti eccitabili. Questi segnali elettrici sono dovuti a modificazioni transitorie dei flussi di corrente che, sotto forma di ioni, attraverso quelli che si chiamano canali ionici, entrano ed escono dalle cellule. Normalmente una cellula soggetta a uno stimolo cambia il suo potenziale di membrana da negativo a positivo e si dice che è depolarizzata. Cessato lo stimolo, un'iperpolarizzazione fa sì che la membrana ritorni al suo valore di riposo. Il comportamento dei fotorecettori è esattamente alla rovescia. A riposo sono depolarizzati e rilasciano continuamente un neurotrasmettitore, quando arriva la luce si iperpolarizzano e riducono il rilascio del neurotrasmettitore. Questo sistema ha vari vantaggi. Poiché al buio il fotorecettore è depolarizzato significa che ci sono molti ioni che fluiscono nella cellula, per cui l'apertura e la chiusura casuale dei canali ionici non influenzerà il potenziale di membrana della cellula stessa. Difatti solo la chiusura di un gran numero di canali ionici, dovuta all'assorbimento di fotoni, influenzerà il potenziale di membrana e indicherà che il segnale luminoso è nel campo visivo. In questo modo il sistema è privo di rumore e in secondo luogo è predisposto a utilizzare anche pochi fotoni per vedere.

Qualsiasi luce può essere analizzata utilizzando un sistema disperdente come il prisma o un reticolo di diffrazione che produce lo spettro di colori di cui è costituito. Da un punto di vista spettrale la luce può avere molto blu, poco rosso, pochissimo verde e così via. Tuttavia non esiste una sola distribuzione spettrale che produca lo stesso colore. Difatti se usiamo tre proiettori con tre filtri nel rosso, nel blu e nel verde e un quarto con uno sfondo bianco con una macchia nera al centro e poi proiettiamo le varie luci, vediamo che è possibile ottenere i colori in più di un modo, mescolando le luci dei diversi filtri in varie proporzioni. In questo modo qualsiasi colore è ottenuto mescolando tra di loro i tre colori fondamentali: rosso, blu e verde.

Perché i colori si comportano in questo modo? Young e Helmholtz avevano supposto che nell'occhio vi fossero tre diversi pigmenti che ricevevano la luce, in grado di assorbire il rosso, il blu e il verde. Quest'assunzione è stata dimostrata sperimentalmente. Difatti, facendo variare l'intensità della luce, otterremo nelle tre regioni, sui tre fotoricettori, un diverso assorbimento, che attraverso la via ottica raggiungerà il cervello. La via ottica trasporta il segnale all'emisfero cerebrale, situato nella zona posteriore del cervello, noto come corteccia primaria visiva o in sigla V1. In quest'area ci sono molti tipi di cellule che ricevono i segnali visivi. Tra questi ci sono quelle cellule che reagiscono alle diverse lunghezze d'onda. Sono piccole isole o *blobs* che si caratterizzano per l'intensa attività metabolica. I compartimenti specializzati di V1 inviano i loro segnali verso altre aree visive, sia direttamente sia attraverso l'area V2, associata alla V1, che fa da zona intermedia. Queste aree sono identificate come aree di associazione visiva. V1 agisce quindi come un'area di smistamento dei segnali, dividendoli e inviandoli alle diverse aree visive che stanno intorno alla corteccia. La specializzazione del cervello visivo è tale che ogni cellula opera per avere delle funzioni molto selettive, per esempio una cellula è sensibile al rosso, ma non reagisce ad altri colori qualunque sia la sua forma. Semir Zeki, nel 1978, ha sviluppato una teoria della specializzazione funzionale che suppone che diversi attributi della stessa scena visiva vengano gestiti in zone del cervello topograficamente distinte e che lavorano in parallelo. Ancora Zeki, nel 1991, ha mostrato che se un osservatore vede un quadro di Mondrian (ancora lui, dopo l'esperimento di Land) il cambiamento di flusso sanguigno nelle zone cerebrali, rilevato mediante risonanza magnetica, è limitato all'area V1, che riceve tutti i segnali dalla retina, e all'area V4, che si suppone sia importante per la visione spaziale. Se, invece, lo stesso individuo osserva una composizione di quadretti bianchi e neri che si spostano in diverse direzioni, si trova un cambiamento ancora in V1, ma anche in un'altra zona, V5, che gioca un ruolo nella percezione del moto, topograficamente distante dalla V4.

Un'esemplificazione delle aree funzionali e di come il sistema occhio-cervello gestisca tutta l'informazione che ha percepito è schematizzata in Fig. 19.

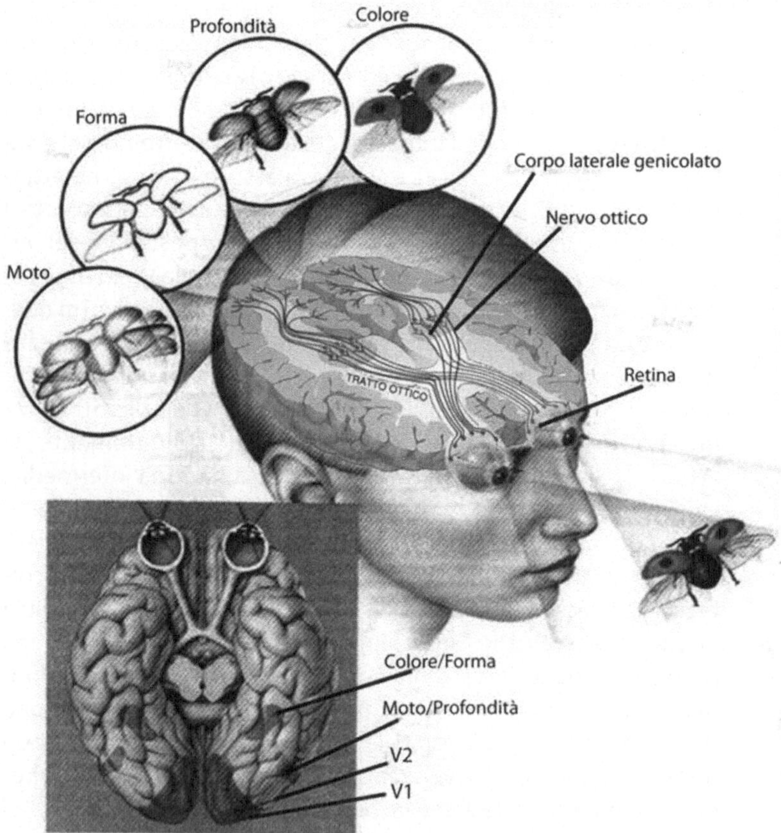

Fig. 19. *Rappresentazione della visione attraverso le aree funzionali*

Questa fenomenologia fa pensare che esista un insieme di sistemi, piuttosto che una suddivisione della corteccia cerebrale in due zone corticali preposte l'una alla visione e l'altra alla comprensione di ciò che si è visto: dobbiamo pensare a un insieme di sistemi che agiscono in parallelo.

Scrive Zeki:

> Esperimenti recenti che hanno misurato i tempi relativi occorrenti per percepire il colore, la forma e il movimento mostrano che questi tre attributi non vengono percepiti insieme: il colore lo è prima della forma, questa prima del movimento, e l'intervallo tra la percezione del colore e quella del movimento è di circa 60-80 millisecondi. Questo suggerisce che gli stessi sistemi percettivi sono caratterizzati da specializzazione funzionale e che nella visione sussiste una gerarchia temporale, sovrapposta ai sistemi di elaborazione parallela distribuiti nello spazio. Ne deriva una curiosa conseguenza: quando due attributi di un medesimo oggetto, per esempio la direzione del suo movimento e il colore, cambiano in un periodo di tempo molto breve, il cervello registra prima il cambiamento di colore e poi quello di direzione, perché percepisce il colore prima del movimento.

Ancora Zeki:

> Per definizione, la percezione è un evento conscio: noi percepiamo ciò di cui abbiamo coscienza mentre non percepiamo ciò di cui siamo inconsapevoli. Dal momento che percepiamo due attributi, diciamo il colore e il movimento, in istanti separati, ne consegue che non solo ci sono consapevolezze separate, ognuna relativa all'attività di uno dei sistemi di elaborazione-percezione indipendenti, ma queste distinte consapevolezze non sono nemmeno sincronizzate tra di loro. Ne deriva una conclusione importante: non sono le differenti attività dei diversi sistemi percettivo-elaborativi che devono essere unificate per darci una percezione cosciente della scena, ma è piuttosto la microcoscienza generata dall'attività dei diversi sistemi percettivo-elaborativi che deve essere collegata per darci una percezione unitaria.

Il cervello non sembra, dunque, essere un semplice cronista che si limita a registrare passivamente la realtà, ma partecipa attivamente alla creazione dell'immagine visiva, attraverso delle regole che ancora non conosciamo. In verità non conosciamo neppure come il cervello agisca: se le sue funzioni siano comprensibili secondo la fisica classica o secondo la fisica quantistica.

Scrive Roger Penrose nel suo libro intitolato *Ombre della mente*:

> L'azione del cervello, secondo il punto di vista convenzionale, deve essere compresa in termini di fisica essenzialmente classica – o così sembrerebbe. Normalmente si ritiene che i segnali nervosi siano fenomeni "acceso o spento", esattamente come le correnti nei circuiti elettronici di un calcolatore, che o sono presenti o non sono presenti – senza alcuna delle misteriose sovrapposizioni di alternative che sono caratteristiche delle azioni quantistiche. Sembra che i biologi, pur ammettendo che ai livelli alla base gli effetti quantistici debbano avere un loro ruolo, siano in generale dell'opinione che non vi sia alcuna necessità d'uscire dall'ambito classico, quando si discutono le conseguenze su grande scala di quegli elementi quantistici primitivi. Le forze chimiche che controllano le interazioni degli atomi e delle molecole sono di origine quantistica ed è, in larga misura, l'azione chimica che governa il comportamento dei neurotrasmettitori che trasferiscono i segnali da un neurone all'altro – attraverso minuscole fenditure chiamate fessure sinaptiche. Allo stesso modo, i potenziali d'azione che controllano fisicamente la trasmissione dei segnali nervosi hanno un'origine dichiaratamente quantistica. Tuttavia, sembra che in generale si supponga che sia del tutto adeguato modellare, in modo completamente classico, il comportamento degli stessi neuroni e le loro reciproche interazioni. Di conseguenza, si crede in larga misura che sia pienamente appropriato modellare il funzionamento globale del cervello per mezzo di un sistema classico, in cui le più sottili e misteriose caratteristiche della fisica quantistica non entrino a fare parte in modo indicativo. Con la conseguenza che qualsiasi possibile attività significativa che potrebbe avere luogo nel cervello debba essere ritenuta come qualcosa che o "avviene

o non avviene". Di conseguenza, si riterrebbe che le strane sovrapposizioni della teoria quantistica che permetterebbero un simultaneo "avvenire e non avvenire", con fattori complessi di peso, non giocherebbero alcun ruolo significativo. Mentre si potrebbe accettare che a qualche livello submicroscopico d'attività queste sovrapposizioni quantistiche abbiano realmente luogo, si avrebbe la sensazione che gli effetti d'interferenza caratteristici di questi fenomeni quantistici non avrebbero alcun ruolo alle pertinenti scale maggiori. In questo modo, si riterrebbe adeguato trattare qualsiasi simile sovrapposizione come una miscela statistica e il modello classico dell'attività cerebrale sarebbe perfettamente soddisfacente FAPP [For All Practical Purposes (per tutti gli scopi pratici) come ebbe a dire concisamente John Bell]. Vi sono, tuttavia, certe opinioni che dissentono da ciò. In particolare, il rinomato neurofisiologo John Eccles ha sostenuto l'importanza di effetti quantistici nell'azione sinaptica. Come appropriato sito quantistico egli indica il reticolo vescicolare presinaptico, un reticolo esagonale paracristallino nelle cellule piramidali del cervello. Alcuni (io stesso incluso [Penrose]) hanno tentato di estrapolare che nel cervello vi possano essere neuroni peculiari, che siano anche essenzialmente dispositivi di rivelazione quantistica, dal fatto che le cellule fotosensibili della retina (che è tecnicamente una parte del cervello) possono rispondere a un piccolo numero di fotoni – in circostanze appropriate perfino a un singolo fotone. Con la possibilità che effetti quantistici possano dare l'avvio ad attività molto più grandi nel cervello, alcuni hanno espresso la speranza che, in tali circostanze, l'indeterminazione quantistica possa essere il varco attraverso cui la mente influenza il cervello fisico.

Il pensiero di Penrose indica chiaramente che c'è una ricerca che cerca di stabilire quali sono le interazioni tra il cervello e la luce. Questa ricerca è alla frontiera della conoscenza e si sta svolgendo nel momento in cui sto scrivendo e prende le mosse da quei fenomeni quantistici che sono stati discussi nel 1935 da Einstein, Bohr e Schroedinger e che verranno presentati nel successivo paragrafo.

Uno sguardo al futuro

Questo capitolo è una sintesi delle teorie che riguardano l'*entanglement* per trattare il quale non basta un solo libro. Qui ci si limita a fare una breve presentazione di quegli argomenti, relativi alla visione, che sono trattati in questo libro. Per gli approfondimenti si rimanda ad altri libri, per esempio: *Entanglement. Il più grande mistero della fisica* di Aczel Amir o a un libro contenuto in questa stessa collana come *Il bizzarro mondo dei quanti* di Silvia Arroyo Camejo.

Prima di dare uno sguardo al futuro ritorniamo al 1935, anno in cui Erwin Schroedinger (1887-1961) utilizzò la parola *entanglement* per indicare lo stato quantico di un sistema. *Entanglement* in italiano può essere tradotto in "non separabilità": è lo stato quantico di un insieme di due o più sistemi fisici. Esso dipende dagli stati di ciascuno dei sistemi che compongono l'insieme stesso, anche se questi sistemi sono spazialmente separati.

La proprietà fondamentale dei sistemi fisici quantistici, che li differenzia così profondamente da quelli classici, è che i loro stati, cioè l'insieme dei valori delle variabili fisiche che li caratterizzano, contrariamente a quanto avviene per quelli classici, possono esistere "in sovrapposizione".

Vediamo come può essere spiegato lo stato quantico attraverso una comparazione con lo stato fisico di un sistema. Nel caso classico lo stato di un sistema è descritto completamente dai parametri del sistema. Per esempio, consideriamo un sistema in cui la massa di una particella non sia soggetta né a frizione né a un moto. Al tempo $t=0$ spingiamo la particella in modo che abbia una certa velocità in una certa direzione. Nel far questo noi ne determiniamo la posizione iniziale e poi il suo momento. Queste condizioni iniziali sono lo stato del sistema al tempo zero. Al tempo $t>0$ misuriamo la particella e troviamo la sua posizione, il suo momento e la combinazione di entrambi. Queste sono le quantità misurabili, le così dette osservabili del sistema.

Supponiamo ora che la particella di prima sia spinta attraverso una forza, che è fornita da un sistema casuale, per esempio da un apparato che è controllato da un generatore di numeri casuali. Lo stato del sistema è ora definito da funzioni di probabilità il cui valore non può essere predetto, a meno che non si facciano ripetuti esperimenti che ci permettano di stabilire una certa statistica, quello che si chiama il valore di aspettazione[3]. Questo stato statistico è detto stato misto, in opposizione a quello puro che è stato illustrato all'inizio dell'esempio.

Passiamo ora a uno stato quantistico. Concettualmente il sistema è fissato da come si prepara l'esperimento; anche qui c'è uno stato puro e uno misto, ma a differenza dell'esperimento classico lo stato puro mostra un comportamento statistico. Inoltre, per effetto del principio di Heisenberg, rispetto alla meccanica classica, facendo una misura su di un sistema, generalmente si cambia il suo stato.

Nello stesso articolo del 1935 Schroedinger presenta il paradosso del gatto, che è basato sullo stesso principio or ora descritto. Si racchiuda in una scatola d'acciaio un gatto e un contatore geiger per misurare il decadimento di una sostanza radioattiva che è stata messa nella stessa scatola. Questa sostanza ha un decadimento così piccolo che nel corso di un'ora forse uno dei suoi atomi, o forse nessuno, si disintegra. Se però un atomo si disintegra, esso aziona un *relais* che mette in moto un martelletto che rompe una fialetta di cianuro. Dopo aver lasciato indisturbato questo sistema per un'ora, si direbbe che il gatto è ancora vivo se non c'è stata la disintegrazione dell'atomo. Dopo un certo po' di tempo il gatto ha la stessa probabilità di essere morto quanto la probabilità che l'atomo sia decaduto. Al momento dell'osservazione l'atomo esiste nei due stati sovrapposti, il gatto rimane sia vivo sia morto fino a che non si apre la scatola, cioè si fa una misura.

Ancora nel 1935 Albert Einstein, Boris Podosky e Nathan Rosen, in un famoso articolo noto con le iniziali dei cognomi EPR, intitolato *La descrizione quantistica della realtà fisica può ritenersi completa?*, proposero un paradosso attraverso un esperimento concettuale.

Questo paradosso intendeva dimostrare come una misura eseguita su una parte di un sistema quantico potesse propagare istantaneamente un effetto sul risultato di un'altra misura, indipen-

---

[3] Nella teoria della probabilità, il valore atteso (chiamato anche aspettazione, attesa, media o speranza) di una variabile casuale reale x è un numero $E(x)$ (con E iniziale dall'inglese *expected value*) che formalizza l'idea euristica di *valore medio* di un fenomeno aleatorio.

dentemente dalla distanza che separava le due parti. Questo effetto, noto come azione istantanea a distanza, è incompatibile con il postulato di base della relatività ristretta che considera la velocità della luce un valore limite al quale può viaggiare un qualunque tipo di segnale.

In seguito all'introduzione del probabilismo quantistico e delle sue cause, Einstein pronunciò la sua famosa frase: "Sembra difficile dare uno sguardo alle carte che Dio ha nelle sue mani, ma neppure per un istante posso credere che Egli giochi a dadi".

L'essenza degli argomenti di EPR era basata su ciò che essi chiamavano "gli elementi della realtà". Il loro obiettivo era di identificare gli elementi della realtà che non erano inclusi nella meccanica quantistica, il che avrebbe dimostrato che la meccanica quantistica non era una teoria completa. Per far questo introdussero quello che essi consideravano una *condizione sufficiente* perché una proprietà fisica fosse un elemento della realtà: che fosse possibile prevedere con certezza il valore che la proprietà doveva avere immediatamente prima della misura. Si deve a Bohm e Aharonov nel 1957 una riformulazione del paradosso EPR in termini più facilmente provabili sperimentalmente. Supponiamo di avere una sorgente che emette coppie di elettroni, uno dei quali viene inviato a un osservatore che chiameremo Alice e l'altro a un osservatore di nome Bob lontani tra di loro (almeno tanto da far sì che le particelle non s'influenzino reciprocamente). Invece di usare le lettere A, B, C, D si usano dei personaggi come Alice, Bob, Charlie e così via.

Se Alice effettua una misura dello spin di una particella lungo un asse, per esempio x, ottenendo −1 si può prevedere che Bob misurerà lungo lo stesso asse un valore di +1. Oppure se Alice misura +1 allora si può prevedere che Bob misurerà −1. Poiché è sempre possibile per Alice prevedere il valore che Bob misurerà sullo stesso asse, per il criterio EPR, quella proprietà fisica deve corrispondere a un elemento della realtà ed è rappresentabile in una teoria fisica completa. Tuttavia nella teoria quantistica c'è un problema nell'interpretazione di questo esperimento in quanto solo una componente dello spin può avere un valore definito in un certo istante. Quindi, per esempio, se è definita la componente sull'asse x, le componenti sull'asse y e z sono indeterminate e possono più o meno essere considerate come una sorta di fluttuazione casuale.

EPR, nel tentare di riportare la meccanica quantistica nell'alveo di una visione classica, ipotizzavano che la misura della particella 1 non poteva disturbare la posizione della particella 2 a causa della velocità finita della luce. Questo significava che si poteva conoscere l'esatta posizione e il momento della particella 1, contrariamente al principio di indeterminazione.

Bohr replicava che se si faceva una misura della particella 1 questa coinvolgeva la misura dell'intero sistema così che non era possibile definire una misura rilevante e precisa delle proprietà coniugate della particella 2. Bohr riteneva che entrambe le particelle esistessero entro lo stesso quadro di riferimento così che una misura della particella 1 avrebbe perturbato la particella 2 poiché la misura avrebbe perturbato l'intero quadro di riferimento. Se invece le particelle non fossero state considerate nello stesso quadro di riferimento, allora le misure avrebbero dovuto essere considerate come successivi esperimenti, il che non avrebbe permesso di effettuare delle misure simultanee di moto e posizione. L'*entanglement* spesso è chiamato effetto EPR e le particelle coppie di EPR.

Nel 1964 Bell, partendo dall'articolo di Bohm e Aharanov, propose un test sperimentale che avrebbe potuto essere usato per verificare se il quadro del mondo che EPR cercava di fare fosse valido o no. La chiave di questo esperimento fu un risultato noto come la diseguaglianza di Bell. In linea di principio questa diseguaglianza non è un risultato sulla meccanica quantistica e quindi bisogna per un attimo dimenticare la meccanica quantistica. Si deve preparare un esperimento e analizzarlo utilizzando quello che si può definire il nostro senso comune di come si comporta il mondo: quella sorta di nozioni cui pensavano EPR.

L'esperimento può essere così immaginato: Charlie prepara due particelle, non importa come le prepara, l'importante è che sia in grado di ripetere le procedure sperimentali che usa. Una volta che ha fatto la preparazione egli manda una particella ad Alice e una seconda a Bob. Alice esegue una misura sulla sua particella quando la riceve. Immaginiamo che Alice abbia due apparati di misura così che ha modo di scegliere con quale apparato di misura può effettuare una delle due misure. Queste misure forniscono le proprietà fisiche che saranno etichettate con PQ e PR rispettivamente. Alice non sa in anticipo quale misura sceglierà di effettuare.

Per decidere il tipo di misura da effettuare, quando riceverà la particella, potrebbe per esempio tirare a testa o croce una moneta o usare un altro metodo casuale. Supponiamo per semplicità che la misura fornisca il risultato +1 o −1. Supponiamo che la particella di Alice abbia un valore Q per le proprietà PQ e che Q sia una proprietà oggettiva della particella di Alice che è semplicemente rivelata dalla misura. Ugualmente sia R il valore rivelato dalla misura di PR. Supponiamo che anche Bob sia in grado di misurare le due proprietà PS e PT rilevando che esiste un loro valore oggettivo, rispettivamente S e T, ciascuno dei quali prende il valore +1 o −1. Bob non decide quale proprietà misurerà prima di ricevere la particella, ma la sceglierà casualmente solo dopo che ha ricevuto la particella da Alice. Il tempo dell'esperimento è organizzato in modo che Alice e Bob facciano le loro misure contemporaneamente (o, utilizzando il linguaggio preciso della relatività, in un modo casualmente disconnesso). Quindi le misure che Alice effettua non possono disturbare il risultato delle misure di Bob o viceversa, poiché nessuna influenza può propagarsi più velocemente della luce. Il risultato di questo esperimento porta alla diseguaglianza nota come CHSH dalle iniziali degli scopritori: John Clauser, Michael Horne, Abner Shimony and Richard Holt. Questa diseguaglianza è parte di un più grande insieme di diseguaglianze note come diseguaglianze di Bell.

Fin qui possiamo far uso di un computer classico che ha una memoria fatta di bits (*binary units*) dove ciascuno stato vale 0 oppure 1. Un computer quantistico ha una sequenza che vale 0 oppure 1 oppure una sovrapposizione quantistica di 0 e 1, i così detti qubits (*quantum binary units*). Un computer quantistico con *n* qubits può avere fino a 2^n differenti stati simultaneamente, rispetto a un computer classico che invece ha 2^n stati alla volta. Esso manipola quei qubits con una sequenza di cancelli (*gates*) logici quantistici: la sequenza di cancelli che devono essere applicati è detta algoritmo quantistico.

Adesso pensiamo di adottare la meccanica quantistica e che il solito Charlie prepari un sistema quantico di due qubits. Uno viene trasferito ad Alice e l'altro a Bob che effettuano le loro misure. Il risultato, ancora una volta, ci dice che la Natura non ubbidisce alla diseguaglianza di Bell. Che cosa significa questo? Significa che una o più assunzioni che portano alla diseguaglianza di Bell non sono corrette. Varie sono le assunzioni che sono state fatte, ma possono essere riassunte nelle seguenti due:

- L'assunzione che le proprietà fisiche PQ, PR, PS, PT hanno dei valori definiti Q, R, S, T che sono indipendenti dalle osservazioni. Quest'assunzione è nota come assunzione di realismo.
- L'assunzione che Alice nell'effettuare la sua misura non influenza il risultato della misura di Bob. Questa è nota come assunzione di località.

Queste due assunzioni insieme sono note come assunzioni del realismo locale. Queste assunzioni sono plausibili e compatibili con la nostra esperienza quotidiana, ma la diseguaglianza di Bell mostra che almeno una delle due assunzioni è sbagliata. La lezione che i fisici hanno imparato è che le loro intuizioni di senso comune che hanno a che fare con il funzionamento del mondo quantistico sono sbagliate. Il mondo non è localmente realistico.

Per parecchio tempo il paradosso EPR e l'*entanglement* erano stati considerati come pura filosofia finché John Bell nel pubblicare il suo articolo cambiava drasticamente il modo di vedere l'*entanglement*.

Bell introduceva una diseguaglianza che poteva essere violata nella meccanica quantistica, ma doveva essere soddisfatta per ogni modello che fosse locale e completo, i così detti modelli alle variabili locali nascoste.

In meccanica quantistica la teoria della variabile locale nascosta è quella che assume che eventi distanti non hanno effetti istantanei su quelli locali. Tuttavia, per effetto dell'*entanglement*, in alcuni casi, eventi distanti possono avere una correlazione istantanea con quelli locali.

Nel 1982 Alain Aspect, Jean Dalibord e Gerard Roger hanno scoperto che la diseguaglianza di Bell è violata e quindi che vale la teoria dell'*entanglement*. Va comunque osservato che il fenomeno della non località non implica che ci sia una propagazione dell'informazione a velocità maggiore della luce.

Anche se le cose non sono così chiare come vorremmo, si sono aperte varie vie d'indagine che sono estremamente interessanti: il capitolo del calcolo quantistico, quello dell'informazione quantistica e la realizzazione di apparati di calcolo particolarmente efficienti come i computer quantici.

Questi non solo potranno essere realizzati direttamente, ma nasceranno anche per effetto della miniaturizzazione dei *chips* che sono realizzati per gli attuali computer. Difatti uno dei requisiti per avere sistemi sempre più veloci è quello di fare dei dispositivi sempre più piccoli. Nei prossimi 20-30 anni, quando i dispositivi saranno vicini alle dimensioni di 10 nanometri, cioè vicino alle dimensioni degli elettroni, questi riveleranno la loro natura quantistica e quindi avremo l'avvento massivo dei calcolatori quantistici.

Nel 1995 Peter Shor, un matematico della Bell AT&T, scoprì che, per alcuni problemi, il calcolo con gli stati quantici permetteva un elevatissimo incremento di velocità computazionale e quindi una diminuzione del tempo di calcolo.

Egli sviluppò un algoritmo per risolvere il problema di trovare i fattori primi di un numero intero grande. L'algoritmo è composto di due parti. La prima parte trasforma il problema della fattorizzazione dei numeri primi nel problema di trovarne il periodo. Questo fu fatto in modo classico, per esempio usando un algoritmo già noto a Euclide, che può essere riprodotto su un computer tradizionale. La seconda parte, invece, ricerca il periodo usando la trasformata di Fourier quantistica, una variante della trasformata discreta di Fourier. L'algoritmo di Shor ha la capacità di sfruttare l'abilità del computer quantistico di essere simultaneamente in molti stati.

Il lavoro di Shor generò un grande interesse sul calcolo quantistico e anche sull'informazione quantistica. I ricercatori ora trattano l'*entanglement* non come caratteristica paradossale della meccanica, ma come una risorsa fisica per calcolare e trasmettere l'informazione. Nel 1993 la messa a punto del teletrasporto quantistico da parte di Charles Bennet costituì il punto di partenza per l'uso moderno dell'*entanglement*.

La teoria classica dell'informazione considera il trasporto d'informazione come una sequenza di caratteri, ciascuno dei quali possiede una certa frequenza in un certo contesto. Viceversa, il trasporto quantistico dell'informazione coinvolge gli stati quantistici, cioè sovrapposizione, interferenza, *entanglement*, incertezza e non clonabilità.

Mentre la sovrapposizione, l'interferenza e l'*entanglement* sono stati già trattati in precedenza, l'incertezza e la non clonabilità vanno chiariti. Essi sono dovuti al fatto che uno stato quantico ignoto non può essere accuratamente copiato né può essere osservato senza essere disturbato.

Il processo di trasporto quantico ha alcune differenze rispetto a quello classico. Gli stati possono essere trasmessi mediante il "teletrasporto quantistico", un processo che spersonalizza lo stato quantistico esatto di una particella nel dato classico e nelle correlazioni EPR. Esso usa questi ingredienti per reincarnare lo stato in un'altra particella che non è mai stata vicina alla prima particella. Le chiavi crittografiche possono essere distribuite, attraverso dei mezzi quantistici, con quasi perfetta sicurezza.

Per dare un'idea di come funzioni una trasmissione quantistica cerchiamo di capirlo leggendo quanto scrive Anton Zeilinger su *Scientific American*:

> Alice e Bob prevedono di teletrasportare un fotone nel futuro. In preparazione, essi si scambiano una coppia di fotoni "entangled"; Alice prende il fotone A e Bob il fotone B. Invece di misurarli essi li immagazzinano senza disturbare il loro delicato stato "entangled". A tempo debito Alice ha un terzo fotone – che chiameremo fotone X. Alice non conosce qual è lo stato del fotone X, ma vuole che Bob abbia un fotone con lo stesso stato di polarizzazione. Alice non può misurare la polarizzazione del fotone e mandare a Bob il risultato. In generale il risultato della sua misura non sarebbe identico allo stato originario del fotone. Questo è dovuto al principio d'indeterminazione di Heisenberg. Invece, per teletrasportare il fotone X Alice lo misura congiuntamente con il fotone A, senza determinare le loro polarizzazioni individuali. Alice può trovare, per esempio, che le loro polarizzazioni sono perpendicolari l'una all'altra (non conosce ancora la polarizzazione assoluta di uno dei due). Tecnicamente la misura congiunta che correla il fotone A e il fotone B è detta una misura dello stato di Bell. La misura di Alice produce un sottile effetto: cambia il fotone di Bob correlandolo con una combinazione del risultato della misura di Alice e lo stato che originariamente il fotone X aveva. Infatti, adesso il fotone di Bob porta lo stato del fotone X, sia esattamente o modificato in modo sem-

> plice. Per completare il teletrasporto Alice deve mandare un messaggio a Bob – un messaggio che viaggia in modo convenzionale attraverso un telefono o attraverso un foglio di carta. Dopo che ha ricevuto questo messaggio, se necessario Bob può trasformare il suo fotone B, con il fine ultimo di farlo diventare un'esatta replica del fotone X. Quale trasformazione Bob deve applicare dipende dal risultato della misura di Alice e per conoscere questa informazione deve attendere il messaggio inviato attraverso la via classica che consiste in due bits che non viaggiano più veloci della velocità della luce.

E poi ancora:

> Si noti che il teletrasporto quantistico non ha come conseguenza due copie del fotone X. L'informazione classica può essere copiata quante volte si vuole, ma copiare perfettamente l'informazione quantistica è impossibile, un risultato noto come il teorema della non clonabilità. (Se si potesse clonare uno stato quantistico, potremo usare i cloni per violare il principio di Heisenberg). La misura di Alice in realtà accoppia il suo fotone A con il fotone X e il fotone X perde tutta la memoria del suo stato originario. Come membro di una coppia "entangled" non ha più alcuno stato di polarizzazione individuale. Quindi lo stato originario del fotone X scompare dal dominio di Alice.

Scrivono Bennet, Brassard Crepeau, Jozsa, Peres e Wootters nel loro articolo del 1993, fondamentale per il teletrasporto, intitolato *Teleporting an unknown quantum state via dual classical and Einstein Podolsky Rosen channels*:

> Chiamiamo questo processo teletrasporto, un termine mutuato dalla fantascienza che significa che una persona o cosa scompare mentre un'esatta replica appare da qualche altra parte. Dobbiamo enfatizzare che il nostro teletrasporto, a differenza di quello della fantascienza, non sfida alcuna legge. In particolare non ha luogo istantaneamente, perché richiede, tra le altre cose, che sia mandato un messaggio classico da Alice a Bob. Il risultato netto del teletrasporto è completamente prosaico: la rimozione dello stato quantistico dalle mani di Alice e la sua

apparizione nelle mani di Bob richiede un tempo adeguato successivo. La sola cosa rimarchevole è che nel frattempo l'informazione nello stato quantistico è stata nettamente separata in una parte classica e in una parte non classica.

In pratica, creare un paio di particelle in *entanglement* è molto difficile, anche se si è visto che è possibile, almeno per i fotoni, avere un paio EPR facendolo passare attraverso un cristallo non lineare.

Riprendiamo ancora il paradosso EPR e l'esperimento che hanno fatto Alice e Bob. Come abbiamo potuto leggere non è possibile comunicare informazioni tra uno sperimentatore e l'altro. Le uniche influenze sono le correlazioni statistiche che si possono evidenziare solo mettendo insieme i risultati delle due misure. Ciascuno sperimentatore, misurando una sola particella, vede dei risultati casuali, determinati dal processo che ha prodotto le due particelle, ma non da quello che collega una particella all'altra. Tuttavia, per spiegare questi risultati, Karl Bohm ha ipotizzato che, oltre la realtà che osserviamo, ci sia un ulteriore livello che non è locale. Esso assomiglia a un ologramma, un modo di registrare un'immagine tridimensionale su di una lastra bidimensionale. In essa i singoli elementi sono distribuiti su tutta la lastra e viceversa, ogni elemento della lastra contiene elementi di tutta l'immagine.

In questo modo, secondo Bohm, sarebbe possibile spiegare come i risultati di una misura su di una particella possano influenzare quelli condotti a grande distanza, senza che ci sia una comunicazione tra le due, ma solo attraverso l'*entanglement*, una sorta di super ologramma che si estende attraverso l'universo fisico che percepiamo.

Prima di addentrarci oltre, vediamo che cosa è l'ologramma. L'olografia fu inventata nel 1947 da Dennis Gabor (1900-1979) mentre stava lavorando allo studio di un microscopio elettronico con maggiore risoluzione di quelli che c'erano a quel tempo. Il termine ologramma fu inventato da Gabor ed è il connubio di *holos* (intero) e *gramma* (scrittura). I suoi ologrammi erano limitati a immagini impressionate con una lampada al mercurio su film trasparenti. Essi contenevano distorsioni e doppie immagini poiché non erano state eseguite con luce coerente.

Con la nascita del laser si ebbe la luce adatta a fare un ologramma. Emmet Leith e Juris Upatnieks nel 1962 riuscirono a produrre il primo oggetto olografico, e la loro tecnica, basata sul fuori asse ottico, è ancora alla base della metodologia olografica. Contemporaneamente il russo Yuri N. Demysyuk produsse un ologramma con luce bianca. Seppure questi esperimenti fossero noti alla comunità scientifica non erano mai usciti dai laboratori. Si deve a Stephen Bentonse, nel 1968, se questa tecnica uscì dai laboratori e divenne un prodotto di massa.

La sua tecnica di trasmissione olografica con luce bianca permetteva di vedere gli ologrammi con la luce solare. Le immagini olografiche erano stampate su plastica e potevano diventare un oggetto di consumo. Anche gli artisti più curiosi, come Salvador Dalì, si cimentarono con gli ologrammi che furono esposti in varie gallerie d'arte.

Intanto, il fisico Lloyd Cross e lo scultore canadese Gerry Pethick misero a punto un sistema per produrre ologrammi a basso costo. Da allora le applicazioni dell'olografia non si contano più: dai prodotti pubblicitari alle macchine per il controllo degli stress dei materiali, fino all'utilizzo in chirurgia plastica, oppure per registrare immagini e suoni all'interno di cristalli o polimeri.

L'olografia spesso è indicata come una fotografia in 3D, ma questo è un errore concettuale. L'olografia può essere messa in analogia con ciò che si fa per registrare il suono che in un secondo tempo è ascoltato. Un fascio di luce coerente passa attraverso un mezzo semitrasparente che suddivide il fascio luminoso in due parti, uno che illumina l'oggetto da riprodurre e il secondo, detto fascio di riferimento, che è inviato a uno specchio che lo riflette verso la pellicola fotografica che è impressionata anche dalla luce diffusa dall'oggetto da riprodurre.

Sulla pellicola si ha un fenomeno d'interferenza luminosa tra i due raggi, e il campo di luce risultante è costituito da una configurazione d'intensità variabile che è l'ologramma. Se l'ologramma è illuminato dalla luce del fascio di riferimento si ottiene un campo di luce rifratta che è uguale al campo di luce che è stato diffuso dall'oggetto fotografato e quindi sembra in 3D. Per far sì che ci sia un'interferenza tra i fasci di riferimento e quello dell'oggetto, è necessario che questi siano stabili nel tempo e che abbiano le stesse frequenze e la stessa fase, cioè devono essere mutuamente coerenti. Molti laser hanno queste caratteristiche. È assai importante che non ci siano vibrazioni di sorta, per cui si usano tavoli antivibranti o di sabbia e la registrazione avviene nel chiuso di una stanza. Il sistema di registrazione deve essere in grado di registrare le frange d'interferenza con una risoluzione inferiore a metà della lunghezza d'onda usata.

Nel 1967 Adolf W. Lohman produsse il primo ologramma con il computer. Il passaggio di luce attraverso l'interferogramma è equivalente a un'operazione matematica: la trasformata di Fourier che permette di ricostruire le componenti fisiche che l'hanno prodotto.

Anche lo studio della visione ha avuto dei vantaggi dalla scoperta della natura quantistica della luce. Combinando le scoperte olografiche con l'*entanglement*, Karl Bohm diede un notevole contributo teorico alla neuropsicologia sviluppando assieme a Karl Pribram il modello olonomico. Pribram fu incoraggiato a proseguire lungo la linea del modello olonomico dagli studi di DeValois che, nel 1980, aveva scoperto che le cellule della corteccia visiva rispondevano meglio a certe componenti di frequenze orientate in una certa direzione, descrivibili dalla trasformata di Fourier. Poiché alla base dell'ologramma c'è la trasformata di Fourier, Pribram ebbe l'idea di coniare il termine olonomico per descrivere un'idea che utilizzasse il concetto olografico.

Bohm aiutò Pribram a sviluppare una teoria in cui il cervello si comportava in modo simile a un ologramma, in accordo ai principi della meccanica quantistica e alle caratteristiche dei pacchetti d'onda. Queste onde producono dei sistemi che si organizzano come degli ologrammi.

Secondo Pribram, sia l'informazione temporale sia quella spettrale sono simultaneamente immagazzinate nel cervello secondo uno schema che è assimilabile allo stato quantistico, in cui il ruolo probabilistico è assunto dai dendriti dei singoli neuroni che partecipano al trattamento dell'informazione.

Guardando la storia della luce

La storia della luce è una delle tante storie strane della scienza. Tuttavia l'importanza della luce va oltre la mera e quantitativa portata scientifica. Il grande passo fatto da Aristotele rispetto alla teoria estromissoria del presocratico Alcmeone ebbe una grande influenza sulla teoria della visione per lungo tempo, almeno fino al

Medioevo. Tuttavia, va dato merito a questo periodo di aver aperto le porte, con il contributo degli scienziati islamici, a un periodo di scoperte molto importanti. Nel tardo Medioevo non solo la scienza e la teologia trarranno grande beneficio dallo studio dell'ottica, ma anche le arti utilizzeranno la luce immaginandola capace di penetrare attraverso le pietre e i vetri per riempire del suo fulgore le chiese: le cattedrali gotiche. La luce assume una dimensione ultraterrena: rappresenta il modo in cui Dio esprime la sua presenza.

Scrive Dante del canto XXXI (vv. 22-24) del Paradiso:

> ché la luce divina è penetrante
> per l'universo secondo ch'è degno,
> sì che nulla le puote essere ostante.

La sacralità della geometria determinerà la forma delle cattedrali, ma sarà la luce che darà la vita alle cattedrali. La fisicità e la spiritualità verranno racchiuse nella parte più interna delle cattedrali. Lo storico dell'arte gotica Otto von Simson scrive:

> Con la sua sublime teologia della luce essa [la cattedrale] deve aver dato l'impressione, a coloro che ascoltavano, di una visione del sacramento eucaristico come di una luce divina trasfigurata attraverso il buio della materia. Nella luce fisica che illuminava il santuario, quella mistica realtà sembrava diventare palpabile ai sensi. La distinzione tra natura fisica e significato teologico faceva da ponte tra la nozione di luce corporea come analogia della luce divina.

Erano nati, dunque, vari modi per definire la luce e alcuni di questi sono ancora utilizzati da noi.

Il Medioevo contribuirà a fornirci gli strumenti critici, ma è soprattutto per merito di Francis Bacon che, nel XVI secolo, si gettano le basi della scienza moderna. L'utilizzo di strumenti come il telescopio e il microscopio aiuterà gli scienziati a vedere il mondo invisibile a occhio nudo. La prima grande rivoluzione scientifica avviene per opera di Galileo Galilei e della scuola inglese della Royal Society e di Newton che svilupperanno il metodo empirico. Essi contribuiranno a fornirci gli strumenti teorici e sperimentali per capire i fenomeni del mondo che ci circonda.

Paradossalmente, l'intuizione poetica di Goethe precorre le scoperte biologiche. I suoi studi sul colore, pur nei limiti di un appassionato dilettante, aprono nuove frontiere alla conoscenza della percezione e vengono, di fatto, validati da Land solo nel 1920. Un fitto carteggio tra Goethe e il filosofo Schopenhauer sulla luce travalica la mera discussione tra umanisti e letterati: si confrontano le teorie, l'uno confutando le tesi dell'altro. Con veemenza, tanto che alla posizione di Schopenhauer che suggeriva che la luce fosse un fenomeno puramente soggettivo, psicologico e che senza la vista non si sarebbe potuto dire che la luce esistesse, Goethe rispondeva: "Che cosa, la luce dovrebbe solo esistere in quanto è vista? No! Tu non esisteresti se la luce non ti vede!"

La seconda grande rivoluzione scientifica avviene grazie a Einstein e allo sviluppo scientifico e tecnologico del Novecento, attraverso il quale si capisce che la luce è corpuscolo e onda assieme e che il colore non è solo un'attribuzione connaturata alle caratteristiche fisiche della luce, ma dipende anche dalla nostra capacità percettiva.

Lo studio della biologia evolve parallelamente allo studio della fisica, anche se con maggiore lentezza. La scoperta delle aree funzionali del cervello apre la strada a nuove conoscenze che traggono grande vantaggio dalle nuove tecnologie quali la risonanza magnetica funzionale e in buona misura dalla SPECT (Single Photon Emission Computed Tomography), che però deve essere utilizzata solo in casi di provata necessità.

Tuttavia la strada da percorrere per avere cognizioni più esaurienti sul modo in cui il cervello elabora le informazioni e le associa alle emozioni sembra ancora lunga. I tentativi di utilizzare i nuovi strumenti della conoscenza, quali gli stati quantici, non ci permettono ancora di conoscere meglio la mente. Sono solo ipotesi, congetture che non hanno riscontri fattuali. Il cervello olonomico di Bohm è solo ancora un'ipotesi, che rischia peraltro di diventare buona per filosofie di tipo esoterico.

Scrive Penrose nel libro *Ombre della Mente*:

Il mondo che conosciamo più direttamente è il mondo delle nostre percezioni coscienti, ma è il mondo che conosciamo meno in termini fisici precisi di qualsiasi genere. Questo mondo contiene la felicità e il dolore e la percezione dei colori. Con-

tiene i nostri primi ricordi infantili e la nostra paura di morire. Contiene l'amore, la comprensione e la conoscenza di numerosi fatti, e anche l'ignoranza e il desiderio di vendetta. È un mondo che contiene le immagini mentali di sedie e tavoli e dove profumi e suoni e sensazioni di ogni genere si mescolano con i nostri pensieri e le nostre decisioni di agire.
Vi sono due altri mondi di cui siamo a conoscenza anche se meno direttamente del mondo delle nostre percezioni, ma di cui conosciamo molto. Uno di questi è quello che chiamiamo il mondo fisico. Esso contiene sedie e tavoli reali, apparecchi televisivi e automobili, esseri umani, cervelli umani e azioni dei neuroni. In questo mondo vi sono il sole, la luna e le stelle. Vi sono anche nuvole, uragani, rocce, fiori e farfalle; e a un livello più recondito vi sono molecole e atomi, elettroni e fotoni, e lo spazio tempo. Contiene anche citoscheletri e dimeri di tubulina[4] e superconduttori. Non è affatto chiaro perché il mondo delle nostre percezioni debba avere qualcosa a che fare con il mondo fisico, ma a quanto pare è così.
Vi è anche un altro mondo, anche se alcuni trovano difficile accettarne la reale esistenza: è il mondo platonico delle forme matematiche. Qui troviamo i numeri naturali 0, 1, 2 , 3 e l'algebra dei numeri complessi. Troviamo il teorema di Lagrange che ogni numero naturale è la somma di quattro quadrati. Troviamo il teorema di Pitagora della geometria euclidea. Vi è l'affermazione che per qualsiasi coppia di numeri naturali a e b, $a \times b = b \times a$. In questo stesso vi è anche il fatto che quest'ultimo risultato non vale per certi tipi di "numero" (come con il prodotto di Grassman). Questo stesso mondo platonico contiene geometrie diverse da quella euclidea, in cui il teorema di Pitagora non è valido. Esso contiene numeri transfiniti e

[4] Penrose scrive: "... i nostri neuroni sono singole cellule, quindi ciascuno di essi ha il proprio citoscheletro [in analogia con gli animali unicellulari]. Ciò vuol dire che, in un certo senso, ciascun neurone ha qualcosa di analogo a un proprio sistema nervoso?" E ancora: "Il citoscheletro è formato di molecole proteiche disposte in strutture di vario tipo: actina, microtubuli e filamenti intermedi". I microtubuli sono costituiti da tubi cilindrici cavi e sono formati da proteine chiamate tubuline che sono dei dimeri, cioè sono fornite da due parti separate, ciascuna delle quali è composta di circa 450 aminoacidi.

numeri non computabili, ordinali ricorsivi e non ricorsivi. Vi sono azioni di macchine di Turing[5] che non si arrestano mai e anche macchine oracolo. Vi sono molte classi di problemi matematici computazionalmente insolubili, come il problema della tassellatura con polinomi. In questo mondo vi sono anche le equazioni elettromagnetiche di Maxwell, le equazioni gravitazionali di Einstein e gli innumerevoli spazi-tempo teorici che le soddisfano – siano essi fisicamente realistici o no. Vi sono simulazioni matematiche di sedie e tavoli, come verrebbero impiegate nella "realtà virtuale" e anche simulazioni di buchi neri e uragani.

Conclude Penrose che questi sono problemi profondi la cui spiegazione è ancora molto lontana. Non ci può essere una risposta se non si saprà collegare questi mondi tra di loro perché in realtà c'è un solo mondo la cui natura ancora ci sfugge.

La natura della luce rappresenta un pezzo del problema, ma lo studio della connessione tra la natura della luce e il nostro cervello potrebbe aprire proprio quei mondi che cita Penrose, il mondo delle percezioni, il mondo fisico e il mondo platonico, dimostrandoci quali sono le profonde intercorrelazioni e mostrando in definitiva l'unitarietà dell'universo… Chissà?

[5] Una macchina di Turing è un sistema formale che può descriversi come un meccanismo ideale, ma in linea di principio realizzabile concretamente, che può trovarsi in stati ben determinati, opera su una sequenza composta di un certo numero di oggetti in base a regole ben precise e costituisce un modello di calcolo.

Bibliografia

A.D. Aczel, *Entanglement. Il più grande mistero della fisica*, Cortina Raffaello, 2004.

A. Alain, P. Grangier, G. Roger, Experimental realization of Einstein Podolsky Rosen Gedankenexperiment: a new violation of Bell's inequalities. *Phys. Rev. Lett.*, 1982, vol. 49, n. 2, pp. 91-95.

Al Masudi, *Murtuj al Dhahab*, Barbier de Meynard, Paris, 1861-1877.

S. Arroyo Camejo, *Il bizzarro mondo dei quanti*, Springer, 2008.

C. Bazerman, *Le origini della scrittura scientifica*, Transeuropa Libri, 1991.

J.S. Bell, On the Einstein Podolsky Rosen paradox. *Physics*, 1964, vol. 1, pp. 195-200.

C.H. Bennet, G. Bressard, C. Crepeau, R. Jozsa, A. Peres, W. Wootters, Teleporting an unknown quantum state via dual classical and Einstein Podolsky Rosen channels. *Phys. Rev. Lett.*, 1993, vol. 70, pp. 1895-1902.

D. Bohm, Y. Aharonov, Discussion of the experimental proof for the paradox of Einstein, Rosen and Podolsky. *Phys. Rev. Lett.*, 1957, vol. 108, n. 1, pp. 1070-1076.

N. Bohr, *Discussion with Einstein on epistemological problems in atomic physics*, a cura di A. Schilp, Cambridge University Press, 1949.

H. Bridges, *Roger Bacon, Opus Majus*, Oxford Claredon Press, 1897 (http://www.archive.org/details/opusmajusofroger02bacouoft).

F. Brunetti, *Opere di Galileo Galilei*, UTET, 1980.

H. Burton, The optics of Euclid. *Journal of Optical Society of America*, 1945, vol. 35, n. 5.

L. Campbell, W. Garnett, *The Life of James Clerk Maxwell*, MacMillan, 1882. Versione su Internet della Sonnet software Inc. 1997.

E. Capretti, *Brunelleschi*, Giunti, 2003.

M. Caspar, *Kepler*, traduzione di Doris Hellman, Dover, 1993.

L. Castadini, F. Ghione, *La geometria della visione*, Springer, 2004.

G. Castelnuovo, *Le origini del calcolo infinitesimale nell'era moderna*, Zanichelli, 1938; Feltrinelli, 1962.

L.M. Chalupa, J.S. Webster, *The visual Neurosciences*, MIT Press, 2004.

V. Cilento, *Plotino, Enneadi*, Laterza, 1949.

F.S. Crawford, *Averrois Cordubensis: Commentarium magnum in Aristotelis De anima libros, Corpus Commentariorum Averrois in Aristotelem Versionum Latinarum*, VI, The Mediaeval Academy of America, 1953.

A.C. Crombie, *Robert Grosseteste and the Origins of Experimental Science 1100-1700*, Clarendon Press, 1953.

L. de Broglie, The wave nature of electron. *Nobel Lectures*, dicembre 1929.

H. Diels, *Die Fragmente der Vorsokratiker*, Weidmann, 1903. VI ed. riveduta da Walther Kranz, Weidmann, 1952.

A. Einstein, *Relatività: esposizione divulgativa*, Bollati Boringhieri, 1967.

A. Einstein, *Albert Einstein, Hedwig und Max Born: Briefwechsel 1916-1955*, Nymphenburger Verlagshandlung, 1969.

A. Einstein, *Opere scelte*, a cura di E. Bellone, Bollati Boringhieri, 1988.

R.M. Evans, Visual Processes and Color Photography. *J. Phot. Sci.* 9, 243, 1961; *Sci. Am.* 205, n. 5, 118, 1961.

G. Federici Vescovini, *Le teorie della luce e della visione ottica dal IX al XV secolo. Studi sulla prospettiva medievale e altri saggi*, Morlacchi Editore, 2003.

R.P. Feynman, *Quantum Electro Dynamics QED*, Adelphi, 1999.

R.P. Feynman, R.B. Leighton, M. Sands, *La Fisica di Feynman*, Edizione Bilingue Inter European Ed., 1975.

J.V. Field, *Piero della Francesca: A mathematician's art*, Yale University Press, 2005.

G.F. FitzGerald, The Ether and the Earth's Atmosphere. *Science*, 1889, vol. XIII, n. 328.

A. Frova, M. Marenzana, *Parola di Galileo*, Rizzoli, 1998.

G. Galilei, *Opere*, a cura di A. Favaro, Giunti-Barbera, 1968, vol. XII, pp. 171-172.

M. Gell-Mann, *The Quark and the Jaguar: Adventures in the Simple and the Complex*, Henry Holt and Co., 1995, p. 180.

G. Giannantoni, *I presocratici. Testimonianze e frammenti*, Laterza, 1999.

J. Gleick, *Chaos: making a new science*, Penguin, 1987. Edizione italiana: *Caos: la nascita di una nuova scienza*, Rizzoli, 2000.

J.W. Goethe, *Goethe Gespraeche*, Biedermann, 1901-11, vol. 2.

J.W. Goethe, *La Teoria dei colori*, a cura di R. Troncon, Il Saggiatore, 1993.

H.B. Gottschalk, The "De coloribus" and its author. *Hermes* 92, 1964, pp. 59-85.

F.M. Grimaldi, *Physico-mathesis de lumine, coloribus et iride aliisque adnexis libri duo*, Bologna, 1665.

G. Grote, *Plato and other companions of Socrates*, Elibrom.com, 2005.

L. Guerrini, *Galileo e la polemica anticopernicana a Firenze*, Ed. Polistampa, 2009.

D.E. Hahm, *Early ellenistic theories of vision and the perception of color. Studies in Perception*, a cura di P. Machamer e R. Turnbull, Ohio State University Press, 1978.

J.L. Heiberg, H. Menge, *Euclid Opera Omni*, Teubner, 1895 (http://www.archive.org/details/euclidisoperaom18unkngoog).

W. Heisenberg, Sul contenuto intuitivo della cinematica e della meccanica quanto teoretiche, in: *Indeterminazione e realtà*, Guida Ed., 1991.

R. Hooke, *Micrographia*, Dover, 2003 (Project Gutenberg).

C. Huygens, *Treatise on light*, traduzione di S.P. Thomson, Dover, 1962.

J. Joyce, *Finnegans Wake*, Penguin Books, 1999, p. 250.

P. Kaiser, R.M. Boyton, *Human Color Vision*, Optical Society of America, 1996.

T. Kuhn, *The Structure of Scientific Revolutions*, Chicago University Press, 1970. Edizione italiana: *La struttura delle rivoluzioni scientifiche*, Einaudi, 1979.

W.E. Lamb, Anti-photon. *Applied Phyisics* B 60, 1995, pp. 77-84.

D.C. Lindberg, *Studies in Perception*, a cura di P. Machamer e R. Turnbull, Ohio State University Press, 1978.

D.C. Lindberg, *Theory of Vision. From Al Kindi to Kepler*, Chicago University Press, 1981.

Manetti, *Vita di Filippo Brunelleschi*, a cura di C. Perrone, Salerno Editrice, 1992.

W.H. McCrea, Einstein: Relations with the Royal Astronomical Society. *Quarterly Journal Royal Astronomical Society* 20, 1979, pp. 251-260.

S.M. Meyerhof, *The Book of the Ten Treatises on the Eye Ascribed to Hunayn ibn-Ishaq (809-877 A.D.). The Earliest existing Systematic Textbook on Ophthalmology*, Government Press, Il Cairo, 1928.

Mondino dei Liuzzi, *Anathomia* (cis.alma.unibo.it/Mondino/txt_italian.html).

A. Nauck, *Tragicorum Graecorum Fragmenta*, Lipsia, 1889. Supplemento a cura di B. Snell, Hildesheim, 1964.

I. Newton, *Scritti di Ottica*, a cura di A. Pala, UTET, 1997.

G. Nicco Fasola (a cura di), *Piero della Francesca. De prospectiva Pingendi*, Le Lettere, 1984.

F.W. Nietzsche, Philosophie im tragischen zeitalter der Griechen, in: *La filosofia nell'epoca tragica dei Greci e Scritti dal 1870 al 1873*, a cura di G. Colli e M. Montinari, traduzione di G. Colli, Adelphi, 1973.

B.S. Page, *Plotinus. The Enneads*, traduzione di S. McKenna, Faber and Faber, 1956 (prefazione di E.R. Dodds e introduzione di P. Henry).

V. Pais, *Sottile è il Signore*, Bollati Boringhieri, 1986.

G. Peacock, *Life of Thomas Young*, John Murray, Londra, 1855.

C. Pedretti, *Leonardo Arte e Scienza*, Giunti-Barbera, 2005.

R. Penrose, *Ombre della mente*, Rizzoli, 1996.

M. Planck, *The theory of heat radiation*, Dover, 1991.

S.L. Polyak, *The retina*, Chicago University Press, 1941.

F. Rahman, *Avicenna's Psychology: An English Translation of Kitab al-najat*, Oxford University Press, 1981.

G. Reale, *Platone tutti gli scritti*, Bompiani, 2000.

N. Ribe, F. Steinle, Exploratory experimentation: Goethe, Land and color theory. *Physics Today*, 2002, pp. 43-49.

F. Risner, *Opticae thesaurus*, Basilea, 1572; Johnson Reprint, 1972 (introduzione di D. Lindberg).

V. Ronchi (b), *Storia della Luce*, Zanichelli, 1952.

V. Ronchi, Leonardo e l'ottica, in: *Leonardo. Saggi e ricerche*, a cura di G. Castelfranco, Roma, 1954, pp.159-185. Rivisto da E. Garin in: *Giornale critico della filosofia italiana*, 1956, III serie, XXXV, pp. 280-282.

V. Ronchi (a), *Scritti di ottica*, Il Polifilo, 1968, pp. 13-30.

E. Rosen, Galileo and Kepler: their first two contacts. *The History of Science Society Isis*, 1966, vol. 57, n. 2, pp. 262-264.

J.L. Russell, Kepler's Laws of Planetary Motion: 1609-1666. *The British Journal for the History of Science*, 1964, vol. 2, n. 1, pp. 1-24.

A.I. Sabra, *Theories of light from Descartes to Newton*, Cambridge University Press, 1981.

E. Schroedinger, Discussion of Probability Relations Between Separated Systems. *Proceedings of the Cambridge Philosophical Society* 31, 1935, pp. 555-563; 32, 1936, pp. 446-451.

A. Schuster, *History of the Cavendish Laboratory*, Macmillan, 1910, p. 31.

Z. Semir, *La visione dall'interno*, Bollati Boringhieri, 2003.

S. Sheikh, *Islamic Philosophy*, Octagon Press, 1962.

A.M. Smith, *Ptolomy's Theory of Visual Perception*, American Philosophical Society, 1996.

A.M. Smith, *Alhacen's theory of visual perception*, American Philosophical Society, 2001.

J.A. Smith, *The soul*, traduzione del *De Anima* di Aristotele (http://Classic.mit.edu/Aristotele/soul.html).

J. Spedding, R.L. Ellis, D.D. Heath, *The works of Francis Bacon* (http://onlinebooks,library.upenn.edu/webin/metabook?id=worksfbacon).

B.I. Stepanov, G.R. Kirchhoff (on the ninetieth anniversary of his death). *J. Applied Spectroscopy*, vol. 27, n. 3, pp. 1099-1104.

R.G. Turnbull, *The role of the special sensibile in the perception theories of Plato and Aristotle. Studies in Perception*, a cura di P. Machamer e R. Turnbull, Ohio State University Press, 1978.

A. van der Schott, Kepler's search for form and proportion. *Renaissance Studies*, 2001, vol. 15, n. 1.

S. van Riet, *Avicenna liber: Liber de Anima seu sextus de naturalibus I-III*, E. Peteers, E.L. Brill, 1972.

H. von Arnim, *Stoicorum veterum fragmenta*, Lipsia, 1903.

O. von Simson, *The gothic cathedral*, Princeton University Press, 1988.

H. Wolfson, *The philosophy of the Kalam*, Harvard University Press, 1976.

A. Zeilinger, Quantum teleportation. *Scientific American*, 2000, pp. 34-43.

i blu - pagine di scienza

Passione per Trilli
Alcune idee dalla matematica
R. Lucchetti

Tigri e Teoremi
Scrivere teatro e scienza
M.R. Menzio

Vite matematiche
Protagonisti del '900 da Hilbert a Wiles
C. Bartocci, R. Betti, A. Guerraggio, R. Lucchetti (a cura di)

Tutti i numeri sono uguali a cinque
S. Sandrelli, D. Gouthier, R. Ghattas (a cura di)

Il cielo sopra Roma
I luoghi dell'astronomia
R. Buonanno

Buchi neri nel mio bagno di schiuma
***ovvero* L'enigma di Einstein**
C.V. Vishveshwara

Il senso e la narrazione
G. O. Longo

Il bizzarro mondo dei quanti
S. Arroyo

Il solito Albert e la piccola Dolly
La scienza dei bambini e dei ragazzi
D. Gouthier, F. Manzoli

Storie di cose semplici
V. Marchis

noveper**nove**
Segreti e strategie di gioco
D. Munari

Il ronzio delle api
J. Tautz

Perché Nobel?
M. Abate (a cura di)

Alla ricerca della via più breve
P. Gritzmann, R. Brandenberg

Gli anni della Luna
1950-1972: l'epoca d'oro della corsa allo spazio
P. Magionami

Chiamalo X!
Ovvero: cosa fanno i matematici?
E. Cristiani

L'astro narrante
La luna nella scienza e nella letteratura italiana
P. Greco

Il fascino oscuro dell'inflazione
Alla scoperta della storia dell'Universo
P. Fré

Sai cosa mangi?
La scienza del cibo
R.W. Hartel, A. Hartel

Water trips
Itinerari acquatici ai tempi della crisi idrica
L. Monaco

Pianeti tra le note
Appunti di un astronomo divulgatore
A. Adamo

I lettori di ossa
C. Tuniz, R. Gillespie, C. Jones

Il cancro e la ricerca del senso perduto
P.M. Biava

Il gesuita che disegnò la Cina
La vita e le opere di Martino Martini
G. O. Longo

La fine dei cieli di cristrallo
L'astronomia al bivio del '600
R. Buonanno

La materia dei sogni
Sbirciatina su un mondo di cose soffici (lettore compreso)
R. Piazza

Et voilà i robot!
Etica ed estetica nell'era delle macchine
N. Bonifati

Quale energia per il futuro?
Tutela ambientale e risorse
A. Bonasera

Per una storia della geofisica italiana
La nascita dell'Istituto Nazionale di Geofisica (1936)
e la figura di Antonino Lo Surdo
F. Foresta Martin, G. Calcara

Quei temerari sulle macchine volanti
Piccola storia del volo e dei suoi avventurosi interpreti
P. Magionami

Odissea nello zeptospazio
G.F. Giudice

L'universo a dondolo
La scienza nell'opera di Gianni Rodari
P. Greco

Un mondo di idee
La matematica ovunque
C. Ciliberto, R. Lucchetti (a cura di)

PsychoTech - Il punto di non ritorno
La tecnologia che controlla la mente
A. Teti

La strana storia della luce e del colore
R. Guzzi

Di prossima pubblicazione

Teletrasporto
Dalla fantascienza alla realtà
L. Castellani, G.A. Fornaro

Attraverso il mondo microscopico
Le basi del ragionamento clinico
D. Schiffer

Pensare l'impossibile
L. Boi